认知通透

明道 著

中国致公出版社·北京

图书在版编目（CIP）数据

认知通透 / 明道著 . -- 北京：中国致公出版社，
2025. 1. -- ISBN 978-7-5145-2294-5

Ⅰ. B821-49

中国国家版本馆 CIP 数据核字第 202490N1N5 号

认知通透 / 明道 著
RENZHI TONGTOU

出　　　版	中国致公出版社	
	（北京市朝阳区八里庄西里 100 号住邦 2000 大厦 1 号楼西区 21 层）	
发　　　行	中国致公出版社（010-66121708）	
作品企划	乐律文化	
责任编辑	王福振	
责任校对	吕冬钰	
责任印制	周　贺	
印　　　刷	三河市嘉科万达彩色印刷有限公司	
版　　　次	2025 年 1 月第 1 版	
印　　　次	2025 年 1 月第 1 次印刷	
开　　　本	710 mm×1000 mm　1/16	
印　　　张	15	
字　　　数	162 千字	
书　　　号	ISBN 978-7-5145-2294-5	
定　　　价	69.80 元	

（版权所有，盗版必究，举报电话：010-82259658）
（如发现印装质量问题，请寄本公司调换，电话：010-82259658）

◀◀ 前言

出身优渥家庭的人，早在二十几岁时就已经通透，洞悉了社会的运作规律，他们不用考虑过多的试错成本。因为他们接触的真相，是几代人智慧的传承。

但是，很遗憾，大部分普通人一般到30—40岁时，才能真正领悟社会运行的真相和人性的底层逻辑。但此时的他们大部分已经进入了结婚生子的人生阶段，陷入了生活的艰辛和束缚，正好被钉在生活的十字架上苦苦挣扎。

人生最大的浪费不是金钱的浪费，而是时间的浪费，认知的迟到。普通人辗转半宿，刚挨到社会认知的枕头，天却要亮了。带着一点可怜的家底，忧心忡忡地冲上赌场，你不输，谁输？

那么，认知高而又通透的人，都做了什么呢？

一

认知高而又通透的人，了解世界运行的本质和社会运行的法则。

人类生活的这个宇宙和这个地球的运行是由它的自然规律来决定的。一年四季的春、夏、秋、冬，每天的白日和黑夜都是由自然规律来决定的。作为人类，不管你是否了解这个规律，是否喜欢这个规律，它都在按照自身规律在运行，在起作用。

通透的人理解这个规律，所以黑天就睡，天亮了就起床。不那么通透的人，天黑了睡不着，天亮了起不来。

人类社会也有自己的运行规则，有自己的周期。现在盛行网购、人工智能了，通透的人都忙着关注汇率、利率、金价、股市，谈论最多的是开店、流量、变现、旅游；不通透的人还在炒房、买商铺。通透的人更多地关注自己，不通透的人更关注明星的生活，那个国家和那个国家又打起来了……

世界的本质就是适者生存。世界没有绝对的对错，也没有绝对的公平，不能寄希望于规则只对自己有利。世界让你熟悉规则、适应规则、利用规则，而你偏要对着干。与世界对抗者，其实很难有好的结果。当你抱怨的时候不如去了解这个世界的规则，并运用它。要是你想的是对的，为什么你没有自己想要的？

对通透的人来说，世界是阳光的，生活是鸟语花香的；对不通透的人来说，世界是模糊的，生活是充斥着噪音的。

了解世界的本质和社会运行的法则，即使摸到一把烂牌，也能生生打出王炸的效果来。

二

认知高而又通透的人，洞悉人性。

我认识的一个老板，做出版的，做生意很有一套。其他公司搞不定的客户，他却能轻松成交！那他到底是怎么做的呢？

每当出版了新书，他先让员工发去样书。觉得客户收到样书了，他打去电话讲了新书的优势，客户虽然动心，但是内心仍然没有决定，还在迟疑的时候，他就出招了！怎么做呢？

他对客户说：李总，这个产品我不鼓励你拿太多，因为万一不好卖的话，对你和我都没有益处……

通常他只要一讲到这里，客户那边深锁的眉头定会松弛。

然后他接着对客户说出一个假的障碍：对你来说这只是另一本新书，虽然我们的其他客户都加了两次货，但你这边不知道效果如何。我建议你最好不要订超过五百册……

其实，我这位朋友已经大概知道，那位客户的公司本来一下子就不会预定那么多的。但他发现当他一限制客户定额时，本来犹豫着的客户，会忽然的"顿悟"，马上从犹豫变成肯定。

你求着给他的时候，他往往觉得没价值，不要；你抛出限量概念，不给他时，他又求着要买了。

这是关于人性的一个小小的例子。

我以前对人性不甚了解，或者从来没有正视过。因此很长一段时间做什么都不是很顺利。我不理解我对别人那么好，别人却还可能无意中伤害我；我不理解本来可以很容易办成的事情，却办不成；

我不理解为什么那么爱我的女朋友也会跟我分手……

直到我从人性的角度，从利益的角度去想的时候，就完全想通了，整个人都通透了。精神倍爽。

每个人都有自己的动机、需求和恐惧。对洞悉人性的人来说，世界是温柔的，自己是有力的，社会是相对公平的；对不了解人性的人来说，世界是残酷的，自己是痛苦的，社会是不友好的。

顺利的人生，从读懂人性开始，从觉醒的那一刻开始。

三

认知高而又通透的人，能接受一切。

我 25 岁硕士毕业后，工作上风风火火，不知道人情世故，经常遭受其他同事的挤兑、嘲笑，我愤愤不平，工作压力随之加大，自然诸事不顺利。

自己非常努力，可生活依旧平平常常，这是我不能接受的。

2021 年，父亲得了脑出血。作为长子不得不去医院。我看着靠呼吸机维持生命的父亲，不知所措。医生建议保守治疗，但成功概率小；动手术，最好的结果是坐轮椅，但成功概率大。医生拿他的想法安慰我，他说他自己告诉过儿子，如果他得了这个病，就放弃治疗。但我最后说，我们家不能没有我父亲。后来，手术很成功。

那段时间，我见了形形色色的病人，听了形形色色的离别故事。

我曾经想，如果父亲抢救不过来，我能否接受？

其实，由不得我想。很多事情都由不得人，该来的始终都会来。

我们不得不接受。

后来，请长假出游，大城小城，喜欢了就住下来，慢慢看，慢慢走。路过繁华的城市，自己好渺小啊。走到穷困的小镇，自己好满足啊。

我开始接受一些事情。

普通人说，我不接受别人背叛我。通透的人说，谁受伤害谁改变。

普通人说，我看不上视钱如命的人。通透的人说，各有各的难，你我柴米油盐五谷粮。

普通人说，为什么总有人跟我作对？通透的人说，凡事发生皆有利于我。

那种什么都能接受的人，往往有大智慧，他们并不是什么都不在乎，而是觉得很多东西没必要计较，很多事情没有一个标准答案。

真正的强大不是对抗，而是接受一切，允许一切发生。

四

认知高而又通透的人，能勇敢做自己。

我的一个朋友，开了三家公司，员工也有几百人，资产上亿元。

可谁曾想，她私下里跟朋友说，以前自己很自卑，从来不敢生气，不敢大声说话，不敢提要求，生怕别人讨厌自己。本来1.65米的身高，还是感觉矮。大学的时候特别喜欢一个学长，不敢表白，眼睁睁看着他成为别人的男朋友。

她的人生起点并不低，父亲是当地重点中学的校长，妈妈是某大型企业的董事长。当别人还在找工作、换工作的时候，她的人生早就被提前安排好了。

但她自幼被父母灌输"要听话懂事,要为他人着想",在这样的成长环境下,她养成了"拼命寻求认可"的性格。

庆幸的是,现在的她已经从"别人的期待"里走了出来,还出现在聚会场合任人调侃,不在乎别人吐槽她胖,也坦然接受有些人对她"依靠父母"的评价。她觉得每个人都应该散发自己的光芒,展现自己真实的一面,无须模仿他人,也无须迎合他人。

她的一句口头禅是"讨厌我的人挺多的"。其实还有隐含的后半句:"那又怎么样?"

"自从开始接受'总有人讨厌我'这件事,我才开始更关注自己,绝不把评判标准交给别人,事业也蒸蒸日上。男朋友现在很黏我。"她说。

通透的人常常用一种更加宽容和理解的态度来对待自己,不再苛责自己的不完美。

敢大声地嘲笑自己,有被讨厌的勇气,你就自由了。

五

人这一辈子犯的错,大多是因为没看透。

我曾经是一个觉醒得很迟的人。这也看不惯,那也看不惯。别人一句否定的话就感觉绕不过去了,失眠、焦虑、内耗,满脑子的想法或担忧。

如今,理解了很多人、很多事。这也看得惯,那也看得惯。当我不与世界对抗的时候,世界好像也不跟我对抗了。我的感情生活越来越顺,工作上阻碍少了,财运似乎也旺了。

我觉得有必要写一本书,结合自己的经历,提高读者的认知,让更多的读者认识通透与觉醒的意义,从复杂走向简单,从模糊走向清晰,至少能睡个好觉。

从动笔到完稿用了三年多,写作的过程,其实也是一场修行。

罗曼·罗兰曾说,世上只有一种英雄主义,就是在认清生活的真相后,依然热爱生活。

希望你觉醒后,依然对世界保持初心与热爱,生活得更快乐。在正确的方向上,向前的步伐更坚定。

看完本书,那么,下一个厉害的人,就是你。

目录

第一章 勇敢者先享受世界

没有目标的人是在为有目标的人完成目标的 / 003

没有一处人事关系不复杂 / 005

多大点事儿 / 007

被人讨厌的勇气 / 009

不设限 / 011

敢于出丑，你就自由了 / 013

第二章 财富是对用心的补偿，而不是对勤奋的奖赏

财富是如何运转的 / 017

想实现财富的跃迁，先实现观念的跃迁 / 019

人生发财靠"康波" / 021

赚钱很容易 / 023

你为什么越来越穷，很大一部分原因是只想靠自己 / 025

第三章
世界最公平的，一个是空气，一个是时间

折现未来 / 029

24 小时的心理威胁 / 031

问题解决不了，先放一段时间 / 033

人不能活在过去 / 035

你有 80 岁吗 / 038

第四章
唯有热爱可抵岁月漫长：
这世界有点儿假，可我莫名爱上它

为什么人们总爱盯着自己所没有的 / 043

为什么人们更愿意相信谎言 / 045

接受自己的无足轻重 / 048

当你学会爱自己的时候，才知道日子有多爽 / 050

怎样从跑龙套到成为主角 / 052

勿逃避：躲得了初一，躲不了十五 / 054

第五章
每个人往往更关心自己的那部分

还有什么好尴尬的 / 059

个人进入群体之后容易丧失自我意识 / 061

不撕破脸,但可以拉下你的脸 / 063

为什么有的人畏威不畏德 / 065

第六章
与全世界对抗的人,到底有多幼稚

你相信的太多,是因为你知道的太少 / 069

不要企图向别人证明什么 / 071

假如你踩到狗屎 / 073

第七章
做事要找靠谱的人,聪明的人只能聊聊天

尊重别人的人,很优秀 / 077

做生意看起来是卖,实质上是"买" / 079

先有了交易,才会有所谓的交情 / 081

第八章
别在该动脑子的时候动感情

完全相信感情的人,都输了 / 085

人要学会扔东西 / 087

高手是没有情绪的 / 089

所有的伤害都经过了权衡利弊 / 091

感情里的延迟满足 / 093

第九章
光练不说傻把式

有人骂你怎么办 / 097

不要把话说得太满 / 099

"沉默是金"在今天不适用 / 101

"听"比"说"还有用 / 103

第十章
你能失去的，它本来就不属于你

人生，无非是一个不断失去的过程 / 107

有些东西得不到，恰恰是在保护你 / 109

负向暗示力：越怕什么，越会得到什么 / 111

隔岸的风景总是最好的 / 113

第十一章
生死面前,其他一切都是小事儿

经常生小病的人,不容易得大病 / 117

别等累了再回头 / 119

不要越俎代庖,该谁干的事就让谁去干 / 121

拿命换钱是最不值得的 / 123

第十二章
你只负责做好自己,上天自有安排

起心动念皆是因 / 127

医不叩门,师不顺路 / 130

柔弱真能胜刚强 / 132

为什么我们总是遭遇恶人 / 135

第十三章
不要在乎失去了谁，而要珍惜还剩下谁

进社会就会有人和你过不去 / 139

为什么总有人莫名其妙地讨厌你 / 142

生意场上，别人没有义务对你绝对忠诚 / 145

原谅了伤害你的人，是放过自己 / 147

折磨你的人反而会成就你 / 149

第十四章
完全的信任，一定来源于没有秘密，没有防备，没有算计

你怎么变了 / 153

男人的狠和女人的狠不一样 / 155

跟妻子多谈感情，不要讲道理，更不能讲逻辑 / 157

多大的男人都有孩子气的一面 / 159

你会吵架吗 / 161

第十五章
向上管理，引导上司成为你的"神助手"

不要小瞧"二把手" / 167

上司有被服从的需要 / 169

上司有被尊重的需要 / 171

麻烦上司你才能得到更多的资源 / 173

第十六章
成就你、祝福你的人，可能就是陌生人

路过我们生命的人，都参与了我们，
  并最终构成了我们本身 / 177

他们也在等着你主动认识 / 179

结识当今世界上最重要的人 / 182

陌生人推门进屋，对方重点先观察的往往是你的脚 / 185

第十七章
被识破的消费陷阱

为什么买涨不买跌 / 189

为什么人们往往只买贵的，不买对的 / 191

每次买完才会发现，还可以更便宜 / 193

消费陷阱 / 195

第十八章
多黑的天,到头了也得亮

每一个优秀的人,都有一段至暗的时光 / 199

永远对自己好,永远不要放弃自己 / 201

永远不要自责 / 203

神奇的自证预言 / 205

第十九章
世界上任何东西,最后还有一个出路,那就是"随他去"

成败都有迹可循 / 209

当你"允许自己做不到",你反而慢慢能做到了 / 211

如果不事先计划好,失败便是被计划好的 / 213

人生"小满" / 216

第一章

勇敢者先享受世界

时代的巨浪中每个人都是小舟,唯有大胆地想,勇敢地追求,不顾一切地拥抱社会,走进人群,找到几个志同道合的人,才能享受这个世界,而不是被世界按在地上摩擦。

"勇敢的人先享受世界",和"人生建议不要等""你不需要很厉害才开始,而是需要开始才会变厉害"有着一样的实质,就是勇敢开始,勇敢奋斗,也勇敢休息。能接受自己的状态,能适应环境的改变,继而找到积极的部分去享受。

没有目标的人
是在为有目标的人完成目标的

每个人出门，都会有自己的目的地，如果不知道自己要去哪里，那速度就会很慢。但当你清楚你的目的地，你的步履就会情不自禁地加快，就会精神抖擞。

除非你清楚自己要去哪里，否则你永远也到不了自己想去的地方。

哈佛大学曾做过一个著名的实验：

在一群智力相近的二十几岁的青年中进行了一次关于人生目标的调查，结果发现：3%的人有十分清晰的长远目标；10%的人有清晰但比较短期的目标；60%的人只有一些模糊的目标；27%的人根本没有目标。

25年后，哈佛大学再次对他们做了跟踪调查，结果令人十分吃惊。

那3%的人全部成了社会各界的精英，行业领袖；那10%的人大多是各专业各领域的成功人士，生活在社会的中上层，事业有成；那60%的人大部分生活在社会中下层，胸无大志，事业平平；那

27%的人过得很不如意，工作不稳定，入不敷出，常常抱怨社会，抱怨政府，怨天尤人。

所以，无论你处在什么样的年纪，一定要敢于给自己设定一个看起来很遥远的目标。

有了目标，你还要围绕目标行动，你做的一切都是为这个目标服务的。

比如，你想当公务员，但是呢，你毕业后就去了工厂"打螺丝"，而且一干就是好几年。还找借口说先攒点钱再说。其实，过几年，你可能都忘了自己的目标了。而有的人毕业前就开始报班、买资料，熟悉面试流程。

再比如，你想在商业上有一番作为，但是呢，你去考了一个"事业编"，或者到麦当劳做了服务生。那么，你能实现自己的目标吗？而有的人忙着组建团队、找产品、找渠道，与商业精英交朋友，关注抖音、拼多多、快手……

去泰山捕捞海鲜，和去渤海攀岩，一样让人失望。

我在一个朋友工厂的生产线旁，遇到一个人，我问他："你的目标是什么？"他说了一个很诱人的目标，成为一个公司的老板，是他深藏多年的理想。我问他，那你现在在干什么呢？他看了看我，又看了看身边日复一日重复的劳动场景，似有所悟。

我们分析和研究一下成功者，就会发现他们之所以成功，首先是他们有明确的人生目标；其次，他们现在所做的，正是为了实现这个目标。请你多看一些成功人物的传记和人生故事，从他们的人生中我们可以悟出这一道理。

没有一处人事关系不复杂

有人说："累的不是工作而是人事关系复杂。"的确，谁都希望踏踏实实做事，不被乱七八糟的事情打扰。但实际上，这是一厢情愿。

北大一位数学天才，曾放弃麻省理工学院深造的机会，在龙泉寺出家 8 年。

目前还俗结婚。

当时出家时他说：社会太复杂，我不想被人际关系困扰。

现在还俗的原因是：寺庙中的人际关系比社会中的还复杂。

有人的地方就有江湖。你觉得人际关系不好弄最大可能是你本身也不太行。我以前也觉得无论在哪里人际关系都很烦，但是随着年龄增长，财富的增加，职务的提升，觉得人也没那么复杂了。

公司董事长的儿子会觉得公司的人际关系复杂吗？

在任何单位，如果你是实力派，关系会变得非常简单！

如果你是个普通人，自然没有谁迎合你！单位资源又有限，这次提拔了你，那什么时候轮到我？大家都是大学毕业的，凭什么你当经理我当下属？不行，我也要当经理！我要盯着你犯错！我要向经理举报你，不管有的没的！于是，人际关系就复杂了！

相比较而言，比较忙的单位不复杂，无所事事的单位很复杂。没事做就你盯着我，我盯着你，整天没事谋，就是谋人。稍微有点风吹草动，就推波助澜，无限放大，唯恐天下不乱。说到底都是闲得慌。

公司做事公正的单位不复杂，公司做事不公正的单位最复杂。不该提拔的提拔了，不该得到的得到了，不该花钱的地方乱花钱，该花钱的地方死抠……整个公司乌烟瘴气，劣币驱逐良币，好人难以生存。

我们不是钱币，做不到所有人都喜欢，但可以做到，大多数人说我们好。职场中通透的人，特别会团结关键人物，比如老板身边的秘书、司机，出差给带点特产；给文印室的大姐拿点孩子的学习用品；把多买的水果送给保洁阿姨。这些小事看似花小钱，实则花心思，对方感受到被重视，一些小忙自然愿意帮你。

不是关系太复杂，而是自己太简单。

勇敢面对复杂，事情才能变得简单。

多大点事儿

你想干一件事情的时候,先一点点干,其余的不要担心。你先丢掉一切得失心去干,干一段时间,会发现本来你只想拿个20分、30分,结果某一次你能拿到70分、80分,继续干下去,你发现拿到70分、80分的次数逐渐增多。再干下去,你会发现自己已经超越很多人了。

一个粗糙的开始,其实就是最好的开始。

我一个发小强子,是一位被人们称为"试试看"的工人出身的副总裁。初中毕业就去读了职高。毕业后去当兵,在部队表现好,入了党。当兵回来在当地一家国企基层技术岗位工作,但他不满足现状,每天闲暇时总抱着厚厚一本《数据分析师手记》深钻细研。有人对他说:"你肚子里就那么点墨水,哪能看得懂啊?"他笑笑说:"试试看。"

结婚后,工作、家务事情很多,但他仍然报了集团的中层干部培训班。有人说:"你那么忙,能坚持下来吗?"他笑笑说:"试试看。"

后来他竞聘部门经理成功……就这样,他凭自己的努力,从一个普通工人一步步走上了集团领导岗位。

还有一个发小，上学的时候想当政治家，现在在广州给别人修电脑。一个亲戚，一心想成为明星，毕业 10 年了，现在还在老家一家广告公司做业务员，每月靠 3000 多元的保底工资和时有时无的业绩提成过日子。

小时候条件差不多的几个人，几年后差别不是一般的大。

其实，很多事情并没有那么可怕，对于恐惧电脑的人来说，最重要的就是插上电源，开机！而对于想成就一番事业的人来说，最重要的就是，干起来再说！

大不了从头再来，多大点事呢。

上小学的时候，曾经以为忘了带作业本是天大的事情；初中的时候，在学校和同学打架了被叫家长是天大的事；高中的时候，觉得考不上大学是天大的事；恋爱的时候，觉得跟喜欢的人分开是天大的事。现在回头看看，那些难以跨过的山，其实都在不知不觉中跨过。

弱者往往是胆小谨慎的，这就像一个怪圈，越弱越怕，越怕越弱，直到最后被逼无奈，他才敢迈出一步，尝试去过新的生活。而这时，很多机会已经被先行的人占去了。

当你感觉有机会的时候，不妨去"试一试"，也许，这一试，就试出了你一生的精彩。安于现状，不思进取，只能身处社会底层。

悲观的人都说对了，乐观的人都成功了：你对积极心态的坚持总有一天会成为别人的望尘莫及。

被人讨厌的勇气

对同一件事，正面评价和负面评价总会同时存在，有人喜欢我们，就有人讨厌我们。没有人会让所有人都对自己满意。实际上，如果有50%的人对你感到满意，这就不错了。要知道，在你周围，至少有一半人会对你说的一半以上的话提出不同意见。

一个歌星，即使很有名，有很多人都很喜欢她，但是也不免有很多人对她不以为然，甚至有点讨厌她。

我们再看西方国家的总统竞选：即使获胜者的选票占压倒多数，但也还有40%之多的人投了反对票。没有人能得满票，甚至能达到60%都是件非常困难的事情。

所以，假如生活中有人对你提出反对意见，千万不要惊慌，也不要认为自己做了什么不好的事情，要把这种情况认为很正常。

反对你的人，只代表他自己。

被人讨厌，最大的可能是你身上有别人没有的东西，而且是别人无论如何努力也得不到的。

人人都是站在自己的立场上思考问题的，能对你的感受负责的只有你自己。我们要拥有被人讨厌的勇气，勇敢做自己，不断找寻适合自己的最优解。

没有人不会被外界的声音打扰，而成年人承受"讨厌"的底气，永远是自己给的。

无论别人怎么说，不要认怂。一个人，能轻松接受有人讨厌你的时候，才有了通透的人生。

不设限

在职业、生存保障以及金钱方面，很多人都存在由于害怕被拒绝以及害怕失败而产生的极大恐惧感。比如，医疗、保险、购房、贷款、养育孩子等诸多的压力就会令人失去安全感。

我自己是一个从小就很胆怯的人，总觉得自己什么都做不到。

记得班里组织跳绳接力比赛，我下意识地逃避，因为从小就觉得跳绳是一件极其危险的事，绳子那么细，甩到人得多疼啊，无奈避无可避，只能硬着头皮上了。

开始真的害怕！后来在同学的鼓励下成功跳了一个，那种惧怕的心理就像太阳出来后的露珠，完全消散了，我笑着说："嗯，感觉挺好玩的。"

面对害怕的事物，心里总是给自己设限——做不到，但面对并战胜后才发现，真的没有想的那么难。

事实上，我们很多成年人的忧虑，也几乎一样的荒谬。

你或许有下面的经历，领导安排了某项新任务，大家积极参与，但是只有你和少数几个同事没有报名，当别人问你为什么不参加的时候，你总是说：我是个什么样的人，这事可能做不来。可后来你发现，很多新人，甚至能力比你差的人，都敢于做一些你不敢去做的事。而你依然躲在你的舒适区，没有挑战和进步。

勇敢一点，怕什么呢？

成年人，不应给自己的年龄设限，不应给自己的感情设限，不应给自己的容貌设限，不应给自己的能力设限。

人一旦低估了自己，就相当于委屈了自己，甚至可以说是辜负了自己。作家塔拉·韦斯特弗说："过去是一个幽灵，虚无缥缈，没什么影响力，只有未来才有分量。"这个有分量的未来又是由无数个当下组成的，选择了无数个勇敢的当下，就会拥有不一样的未来。

敢于出丑，你就自由了

改变自己最快的方法，就是做你最害怕的事。想要强大必须出丑，出丑越多成长越快。

在《三国演义》里，曹操出丑的次数特别多。赤壁遇周郎，华容逢关羽，割须弃袍于潼关，夺船避箭于渭水。还有后来祢衡击鼓骂曹。但是后来呢？曹操变得更加强大，丞相之位越坐越稳。

一位著名主持人说，人要珍惜每一次当众出丑的机会。"我在初中时，老师让我参加演讲比赛，写了演讲稿，也倒背如流了。我让家人说出任何一个自然段的头一个字，我立马就能把下面的背出来。上台的时候，底下黑压压的一片，我背了第一段，就想第二段开头的字，背完了第二段，大脑一片空白，冲着全校师生沉默了足有一分钟，全校师生就眼睁睁看着我跑出校门。后来我回学校，觉得旁边女生的笑声都是在笑我。

"我们老师对我说：'虽然你没有演讲完，在学校没有名次，但是你朗读的那两段挺好的，你不要紧张，能背下来肯定能得第一名，我推荐你去区里参加比赛。'我这次答应得比上次痛快，好像觉得无所谓了，结果真得了一个名次。从此之后我就有点变化了，反正已经丢脸了，还有什么好怕的？卸下这个负担后，我觉得自己还行，也能经常在这种场合露露脸。"

因为怕出丑，而不敢表达自己，是这个世界上最愚蠢的选择。因为你的面子，除了你自己之外，真的没人会在乎。

这又让我想起大学时的一位女同学，一位来自成都的姑娘。

她的英语是我见过的最糟糕的，没有之一。她甚至不能用英语说一句完整的话。哪怕自我介绍，也是一半英语一半汉语。

课堂上，她没说几句，就引起哄堂大笑。但是她敢说，别人笑她也笑，笑完她继续说。

没想到大二结束，她就过了四级，大四毕业，她通过了六级考试，又以英语高分考取了研究生。不要小看那个敢于出丑的人，他们潜藏的生命力之强令人不敢想象。

这个世界上最美的东西，其实不是一个人的面子，而是勇气。她的出丑，让我们看到了她的勇气。

为了不做蠢事，于是连事也不做了；为了避免失败，于是干脆拒绝尝试；为了不出丑，于是回避了一切可能。

其实，事业做不好，再华丽的面子也都是虚的，事实最有发言权。因此，你要放下顾虑，不怕出丑，大胆朝前走。

只有弱者才会害怕出丑，出丑只会让你越来越强大！未来的你，会感谢今天无所无惧的自己。

第二章

财富是对用心的补偿，
而不是对勤奋的奖赏

任何人的底气，都来源于经济实力。勤劳能致富，但蛮干能分到财富吗？如果单纯的勤劳能致富，建筑工人应该是这个世界上最富有的人。想得到更多，一定要要求更多。深植内心的欲望是人类一切成就的开始。拥有财富有运气的成分，但绝不是偶然。

富在脑袋，不在力耕。AI时代，财富是对用心的补偿，而不是对勤奋的奖赏。突破常规的人，才能得到常规得不到的。

财富是如何运转的

为什么有人那么忙，却还是那么穷？

世界上的各种事物就如同一年四季和昼与夜一样，也都是由自然规律在掌握，并按照它自身的规律运行。

致富也有它自身的客观规律。

首先，财富容易在对财富有兴趣的人中间流动。财富往往喜欢那些一心想挣钱，愿意不断为此付出并百折不挠的人。对钱有兴趣，不是让你抱着钱死不放松，而是要利用自己现有的资金去换取更大的回报，让钱去生钱。让自己喜欢上钱，使赚钱成为习惯。你喜欢钱，钱才能喜欢你。

其次，投资出去才有流动性。

犹太人认为，想借助银行来获得利息，能够获得利润的机会不大。因为，将大量的钱存在银行的确可以获得一大笔利息，但是物价在存款生息期间不断上涨，货币购买力随之下降。无论多么巨大的财产，存放在银行，相传三代，也不会增值多少。

普通人往往自己有点盈余,就会生出胆怯想法,不敢再像创业时那般敢想敢做,总怕手中仅有的钱因投资失败又化为乌有,于是赶快存到银行,以备应急之用,似乎这样做更安全一些。

虽然确保资金的安全乃是人们心中合理的想法,但是在当今飞速发展、竞争激烈的经济形势下,钱应该用来扩大投资,使钱变成"活"钱,来获得更大的利益。这些钱完全可以用来购置核心位置的房产,以增加自己的固定资产,再买点有稳定盈利和分红的公司的股票,到10年以后回头再看,你会感觉到比存银行要增很多利,你会看到"活"钱的威力。

这就是"资产→投资→产生利润→分开本金和利润→存好本金→利润投资到高风险的商品→资产增加→投资"。每次赚到钱的时候,它都会塑造一个新的"循环链"。

有人说,那要是赔了呢?

一个学游泳的人怕淹死就学不会游泳。

想实现财富的跃迁，先实现观念的跃迁

实现阶层的跃迁，根本上要实现思想的跃迁。观念正确，理解才能正确，判断才能正确，行动才能正确。

如果说人生实现跃迁的第一个层次是靠学识、靠勤劳、靠拼命干，和别人竞争，去实现财富跃迁；那么另一个层次靠的就是观念、思维、强大的认知，以及对人性的深刻把握。

如果你很努力了，还很有才华，但没有成功，多半是你的思维和观念还没有实现跃迁。

罗伯特·清崎在《富爸爸，穷爸爸》讲述的经历对我们很有启发。

他说自己有两个爸爸，一个富，一个穷。一个受过良好的教育，聪明绝顶，拥有博士的光环；另一个爸爸连八年级都没能念完。最初富爸爸还不算富有，而穷爸爸当时也并不贫穷。两位爸爸一辈子都很勤奋，因此，两人都有着丰厚的收入。然而其中一个人终其一生都在个人财务问题的泥沼中挣扎，另一个人则成了夏威夷最富有

的人之一。

为什么？

作者说，一个爸爸会说贪婪乃万恶之源，另一个爸爸说贫困才是万恶之本；一个爸爸说在学校里要好好学习喔，另一个爸爸说要多参加社团活动；一个爸爸认为富人应该缴更多的税去照顾那些比较不幸的人，另一个爸爸则说"税是惩勤奖懒"；一个爸爸说努力学习能去好公司工作，另一个则会说努力学习能发现挣钱的秘密；一个爸爸说我不富的原因是我有孩子，另一个说我必须富的原因是我有孩子。一个爸爸努力存钱，而另一个不断地投资。

他们之中谁会成功？谁会富有？

富人都忙着找合作方、招人，关注汇率、利率、金价、股市，谈论最多的是开店、流量、变现、旅游……

穷人，都在关注什么？

俄乌战争、中东局势最新进展，谁谁又轰炸了谁；某电视剧被几千人打了一颗星；某个明星结婚，被爆出以前背景；哪里又发生了火灾；谁谁成了网红……

本来就穷，最大的优势，就是头脑和时间，而很多人还把这仅存的一点优势，白白地浪费掉。

人生发财靠"康波"

康波周期是1926年俄国经济学家康德拉季耶夫,在分析了英、法、美、德及世界经济的大量统计数据后,发现发达商品经济中存在的一个为期50—60年的长周期。在康波周期中,前15年是衰退期;接着20年是大量再投资期,并在此期间新技术不断被采用,经济快速发展,迎来繁荣期;后10年是过度建设期,过度建设的结果是5—10年的混乱期,从而导致下一次大衰退的出现。

巴菲特投资如此成功,一方面因为他很有天赋,另一方面,因为他出生的1930年在康波周期的上升阶段。巴菲特说:"我是1930年出生的,当时我能出生在美国的概率只有2%,我在母亲子宫里孕育的那一刻,就像中了彩票,如果不是出生在美国而是其他国家,我的生命将完全不同!"

巴菲特出生在美国二战后期,恰逢美国成为全球霸主,进入一个快速发展的上升通道。个人命运是国运的一个缩影,社会经济形势蒸蒸日上,企业盈利源源不断,这是投资取得成功不可或缺的一个大背景条件。

同样的，比尔·盖茨取得巨大成功很重要的原因是计算机技术在 20 世纪 70 年代开始兴起，后来又赶上互联网的浪潮。

在这一点上，你我的运气都不错，出生在仍然处于快速发展趋势的中国。

小米的创始人雷军说过一段话给我印象很深，他说："到了 40 岁，我终于想清楚了。聪明人和努力的人多得是，为什么人部分人都没有大成。如果你仅仅是聪明和努力，你能小成。想要大成，你必须顺势而为。"

在一个人 60 岁的人生中，其中 30 年参与经济生活，30 年中"康波"给予你的财富机会只有三次，不以你的主观意志为转移。

小赚靠技，大赚靠势，人的一生就是嵌套在一个又一个的周期当中度过的。

在房子的上涨周期，你怎么折腾房地产都赚钱；在房地产的下行周期，你费劲巴拉，往往赚不到几个子，弄不好还会被市场咬一口。

个人财富的积累常常来源于经济周期所给的机会，只看你能不能抓住。

赚钱很容易

"金钱遍地都是，赚钱很容易。"富人绝对赞同这个说法。对他们来说，没有不赚钱的事情。富人没有一个认为赚钱是难的，反倒认为花钱太难。

富人觉得赚钱很容易，首先是因为他们善于从复杂的环境中找到极大的商机。

当扎克伯格创立 Facebook 前，市面上已经有不少类似的社交网络产品，更有一对双胞胎兄弟找到扎克伯格，说"有个很好的关于校园社交网络的想法，就差你这个程序员了"。

后来的事大家都知道了，扎克伯格写了代码，组建了团队，一个又一个校园推广下去，而双胞胎兄弟却觉得：扎克伯格偷了他们的"想法"。

那对双胞胎兄弟，是典型没有系统化执行能力的人，空有想法，没有行动，更没有去行动的能力。

几年前，曾遇到一位商场得意的浙商朋友。此人年龄不过二十几岁，却拥有数百万家资，闲暇时，谈到赚钱的事，他说："赚钱是件很简单的事，遍地都是金子，就看你会不会捡。"

"不是会不会捡的问题，我根本没看见地上有金子。"我说。

他打趣道："地上的垃圾就是金子，难道你看不见？"

金钱遍地都是，关键是你看不看得到，想不想捡，敢不敢捡。

收购破烂，有些人怕脏，瞧不起这个"叫唤买卖"，宁可闲玩，也不愿意干。而有些精明的人正是看中了收购破烂投资少、见效快、赚钱稳的特点，逐渐把收购破烂的生意做大，积累了一些资金后，又把下乡收购改为设点收购，慢慢做起了小老板，有些人因此走上了富裕之路，过上了幸福的生活。

任何东西到了商人手里，都会变成商品。1984年，尤伯罗斯把一向亏损巨大的奥运会卖出了天价，使奥运会从此身价百倍。

你靠上班挣钱无可厚非，要发财却有难度。如果你毕业5年后还靠出卖体力和时间赚钱，发不了大财。让别人给你赚钱，让钱给你赚钱，甚至你睡觉的时候还可以赚钱，那才是正道。

你为什么越来越穷，很大一部分原因是只想靠自己

为什么有的人富不了，很大一部分原因是只想靠自己这头勤劳的"牛"。你必须大胆地向生活"索要"，远超你的身价地"索要"。处于这个时代的我们，要努力地从这个时代给予或不轻易给予的养分中去获取。漂亮的女孩都被大胆表白的男孩娶了，社会的好职位和财富拥有者注定脸皮不薄。无论是职位，还是巨额的财富，从来就不是辛苦工作能换来的！更不是可以用身体，甚至用命换来的。

不靠自己靠谁？有四个方面。

1. 靠圈子

在我国的浙江省，活跃着一群商人，他们既有浓厚的竞争意识，也有足够的合作精神，他们在靠人缘、地缘、血缘形成的圈子里时常沟通信息，互相传递商机。只有凝聚力，而少扯皮、拆墙脚；对外是一个团体或一只拳头，对内是一个温馨的群体；遇到困难，大

家齐心出击。遇到矛盾，开一次"家庭式"的会议，往往就能解开疙瘩。所以，他们能在进入的每一个行业中体现"团队作战"的威力。

2. 靠利益同盟

有一位拥有数亿美元身价的美国商人说：如果生意人赚了十元钱，就要有八元钱给客户，一元钱分配给身边掌握机密的幕僚们，最后剩余的一元钱才装入自己的口袋。换一句话解释这个原则就是，一个商人赚到十元钱，就有八元钱是用来培养生意场上的利益同盟。

3. 靠家人

在中国这个古老的社会里，家族是棋局里的棋子。这是一盘永远没有结束的棋局。创业之初，最可信任的就是家族成员，要大胆地起用自己的亲戚家人来帮助自己创业。经商的过程中，要多和家人商量、交流，取得家人的支持。

家和万事兴，要想经好商，就要首先团结好自己的家人。

4. 靠跟自己一起闯天下的兄弟

得人心者得天下，企业家与员工的关系是鱼水的关系，企业家是离不开员工的。因此，一定要在企业内部搞好员工关系，增强企业的凝聚力。

一个人的成功，30% 靠自己，70% 靠别人。

第三章

世界最公平的，一个是空气，一个是时间

一个人真正的价值，体现在他的时间价值上。时间从来不会主动提醒我们什么时候该努力了，什么时候该做什么事，它把自己全权交给我们处理。同样，后果也由我们自己承担。本章告诉你如何持续增加时间价值，如何在有限的时间里加速成长，如何用行动和时间做成事情、获得成果，如何创造可持续的时间复利。

折现未来

对未来的折现是经济学中的一个观点。该观点主张长期导向，是一种鼓励以追求未来回报为导向的品德。长期导向思维重视潜在的长远的利益或结果，凡事都想到未来，而非只考虑当前。想象一下，如果你可以选择在今天拿到5万元或在两年后拿到5万元，你会选择哪一个？几乎所有人都会选择现在就拿到5万元，因为他们今天就能把它花掉，两年才能到手的5万元在你眼里已经"打折"了。

现在让我们修改一下这个场景：你可以今天选择拿走5万元，或者5年之后拿走10万元。那么你会现在就拿走5万元，还是等待一下增加自己的收益？有一些人会选择今天就拿走钱，他们将未来的10万元折现，认为还没有现在的5万元"值钱"。有一些人会选择5年后再拿钱，他们同样也折现了未来的10万元，在他们看来，5年后的10万元相当于今天的7万元或者8万元，但仍比5万元多。

一个纯粹的以当下为导向的人会把未来完全折现，哪怕承诺下一年后他可以拿走10万元，他也会选择当下的5万元，在他眼中，未来的5万元对他来说没有多大的意义。相反，一个以未来为导向的人会对未来进行折现率低的折现，更愿意选择未来的增值。你是哪一种人，未来的收益要比今天大多少你才愿意等待呢？

这在生活中有很好的应用。比如，巴菲特说，股票是未来现金流的折现。

某一家上市公司，某一年公布了相当漂亮的年报，业绩是近几年最好的时候，这时候股价也到了一个很高的位置。非常聪明的投资者反而在公司红火的时候卖掉股票？为什么股价到顶了呢？因为"未来"这两个字，他们未来没有成长性了。未来十年的成长性都反映到股价上了，相当于没有未来了，股价怎么会再涨呢？

济学里有个概念，叫"时间贴现"，也是折现未来的应用。时间贴现意思就是，相比当下（近期）的回报，未来的回报是要打个折扣的。

因此，我们做选择的时候，一定要考虑时间因素，考虑给未来带来的影响，把眼光放的远一点。

24 小时的心理威胁

斯坦福大学的社会学家萨波尔斯基对非洲大草原的斑马进行过研究,一匹健康的斑马一天大部分时间都在睡觉和吃草。当狮子靠近的时候,斑马会产生应激性反应:它的心率会上升,呼吸会变深,血液流向它的肌肉。所有对于逃离没有帮助的生理机能都暂停了,然而短短几分钟内,狮子捕到一匹斑马,其他斑马的威胁就解除了,又可以开始轻轻松松地吃草。

人类面对威胁过程与此非常类似,但人类面临的并非短暂的几分钟的威胁,而是 24 小时不间断的心理威胁,是想象中未来的威胁。

比如,在城市生活的人或许有这样的经历:

被领导批评了,一天心情都不好,想来想去,甚至想辞职,想逃离。

身边的人对你不那么热情,你就以为自己哪里做得不够好,是不是得罪他了。

一个事情看似解决了,但是依然时刻在你的内心深处放着,阴影从未消失。

生活或工作，给了你一种压力，即使你去了娱乐场所，或者去野外郊游，但是依旧无法解除。

这种积累性的，没那么激烈的威胁很致命。它会让你不安、让你内耗、让你头疼，甚至让你的生理期都不正常了。

你和某人吵了一架，问题没解决，最后不了了之。彼此之间设了一堵墙（怨恨），那股能量依然残留在心中无法释怀，问题在心中也会越变越大，最终占据了你很多能量。

所以，如果有负担，你必须彻底把它放下来。比如领导批评你，同事不理你，你无须太有压力。和别人吵架，吵完就翻篇，想理他就理他，不想理就不理。告诉自己，多大点事？凡事发生皆有利于我。

如果有问题，你必须彻底把它解决了。网上买到自己不喜欢的东西，尽快退掉；工作中犯了错误，尽快改掉，即使不能完全逆转，也要尽量挽回损失；答应给妈妈打的电话立刻拨打。

问题解决不了，先放一段时间

有一个朋友，和女朋友闹矛盾，打电话不接，气不过，就一遍遍打过去。

一个业务员，推销房产，天天给客户打电话，说自己代理的房子位置有多好，平台正规，再不买可能要涨价。客户傻吗？市场形势他看不见？没钱的客户，你说得再好，你服务再好，也无法成交。另一个业务员，打过几次电话，就大概了解客户的想法和经济实力，逐步淘汰没有经济实力的客户，维护有需要又有经济实力的客户。他的原则是，筛选胜过说服。效率高很多。

敲别人家门，一遍不开，再反复地敲，礼貌吗？

问题实在解决不了，就先放一放。

有位音乐家曾坦言：有时候我的灵感就像源源不断的泉眼，每时每刻都在为我的创作提供新元素。而有时候我的大脑就像一片干涸的沙漠，无论如何也找不到灵感的泉眼。

这时候我唯一能做的就是坐在钢琴面前，说不定什么时候就能将灵感一点一点重新酝酿出来。

人们之所以在休息的时候容易找到答案，是因为消除了前期的心理紧张，忘记了前面不正确的、导致僵局的思路，具有了创造性的思维状态。

如考试的时候遇到难的题目可以暂时跳过，先去做自己会做的题目，有时间再回头慢慢解决难的题目。说不定后面简单题目中刚好有解决这道难题的方法。就算后面的题目没有解决方法，自己把简单的自己会的题目做完了，也不至于把时间都浪费在一道难题上，从而丢失一些本可以得到的分数。

不管你是在工作中考虑表格怎么做，还是在家里决定用哪种颜色粉刷家里的墙，还是决定去哪里度假，有时你会陷入思维障碍，无法前进。或许因为选项太多了，或者在另一个极端，你无法拿定一个主意。无论哪种都说明你被困住了，那一刻觉得似乎没有出路。

通透者建议：休息一下。一个小时，一天或一周后，重新回到这个问题上，突然一切似乎都变得很清楚，思维很清晰。其实答案就在那里，凝视着你。以前，你以有限的角度看问题，这限制了你想出解决方案的能力。但是，休息片刻之后，你会忘记困扰自己的东西，实现突破。

人不能活在过去

朋友半年前分手了,好像一直都没放下那段感情,虽然他从不在我们面前说啥,但最近早起的我经常看到他朋友圈发了后秒删的悲伤文字。

因为太熟了,大道理我也不想说,毕竟大家都懂,说出来反而显得做作,索性直接问,你觉得你现在过得好吗?

他回答我说:"不好,只要一想到她就会觉得自己过得不好,凭什么她可以在微博上开开心心的,甚至去了家里人安排的相亲,我却怎么都快乐不起来。"

过去的记忆就像一个巨大的仓库,对于一部分人来说,过去充满了美好的回忆,比如家庭的温馨时光,个人的成功和快乐时光。对于另一部分人来说,过去则充满了负面的回忆,比如个人的苦难、失败和悔恨。

对待过去的态度极大地影响我们做出日常决定的方式。

很多人认为,他们的记忆准确地记录了发生过的事情,不幸的是,记忆既不是对过去的客观记录，也不是存在大脑的对于事件的录像。相反，记忆只能记住大概，而细节一再被"重构"，且会受到当下的态度、信念和已得信息的影响。

弗洛伊德和行为学派认为，过去对当下的影响非常大。根据统计，家庭和睦的人在积极怀旧维度得分通常较高，而小时候家庭不和睦的人更可能在消极怀旧上得分较高。积极怀旧的人总会回想过去美好的事物，很少抑郁，并且更会去感恩遇到的人和事，而这些态度正是健康的人生所必需的。

如果你时常闷闷不乐，朋友也许会安慰你：想点开心的。但是对于消极怀旧的人，即使眼前的事让你短暂开心，时隔不久你又会习惯性地想起消极过往，再次陷入抑郁。单纯转移注意力、发泄都是没有用的。你可能还会反复推演过去引发消极事件的原因，希望可以解开自己的心结，但这种抑郁性沉思很容易反复重构消极过往，演变为恶性循环，心结非但没有解开，反而结得更死了。

怎么办？

1. 无论你拿到了怎么的一副牌，都要尽力去把它打好

生活不就是把不完美的一手牌尽力打好的过程吗？至于新的积极过往，只能说多尝试，多努力，没有人能平白无故获得认可。

2. 从过去的生活中走出来，去接受新鲜事物

如果你辉煌过，活在过去会让你失去斗志；如果你不堪过，活在过去会让你无法对今天做出正确的判断。从过去的生活中走出来，

积极接受新的事物，才能创造新的未来。

3. 接受自己的慢热和成熟得晚

你必须有耐心，一时的等待并不会影响你的未来。

活在过去的人，永远到不了未来。不论你为了何种目的而活，时间都会给你三个机会去变得快乐。积极怀旧带你重温过去的快乐时光；当下享乐带你沉浸在快乐中；未来时间观会使你为将来的幸福做准备，并且享受期盼带来的快乐。享受它们中的某一个时也不要忽略了剩下的两个。

你有 80 岁吗

生命中越珍贵的东西越爱迟到，但只要属于你的，即使来晚了，来了就不会走了。

很多朋友说，他们经常觉得时间不够用，觉得自己已经错过了利用时间的好时机，很多事情还没来得及做，时间就已经过去了。因此，他们常常感到无论自己做什么事，都为时已晚，都已经来不及。

其实，事情的本质并不像你所想的那样，很多觉得为时已晚的时候，恰恰是最早的时候。只要你真的想做，只要你有做事的激情，那么任何时候都不晚。

生活中，很多事情都是这样，如果你认清目标，打定主意去做一件事，全力以赴、坚持不懈，也永远不会晚。

美国老人莱伯曼在他 74 岁退休以后，有 6 年的时间经常去一所老人俱乐部下棋来消磨时光。一天，他发现往常那位棋友因身体不适，不能来陪他下棋了，他很失望。

看到老人这个样子，热情的办事员建议他到画室去转一圈。老人听了哈哈大笑:"让我作画?我从来没有摸过画笔啊。"

办事员笑着说:"那不要紧,试试看嘛!说不定您会觉得很有意思呢!"

那一年,莱伯曼80岁,第一次摆弄起画笔和颜料。从那以后,他开始每天去画室画画。提起画笔后的莱伯曼并不因为年岁已高而把绘画当作一项单纯的消遣活动,他全身心地投入,进步很快。

你现在的年龄有80岁吗?如果没有,就信心十足地去实现自己的理想吧。

第四章

唯有热爱可抵岁月漫长：这世界有点儿假，可我莫名爱上它

人，要接受自己的渺小，接受某些层面的无能为力，才能活得幸福。幸福就是外面飘着雪刮着北风，可以和家人在屋里一起吃滚烫的火锅；幸福就是每天早上一睁开眼睛，就可以看见所爱的人，而你爱的人也在爱着你。

人们最幸福的其实往往藏于最痛苦的那段岁月，事后回忆起来非常美好。好的人生，不慌不忙。

为什么人们
总爱盯着自己所没有的

为什么态度友好的同事一夜之间变得异常冷漠？

为什么总有人对你吹毛求疵？

为什么你简单的一个网络回复却惹来众多恶意谩骂？

为什么表面对你笑脸相迎的人，却在背后对你恶语相向？

那是因为，你身上具有别人没有的而又让他们羡慕的东西，是他们在"吃酸葡萄"。

人们常常会向往自己得不到的东西，认为得不到的总是好的，如别人的家庭关系、别人的学术成果、别人的事业，而往往忽视自己拥有的。

知道了这一点，你就对那些突然变得冷漠的朋友、别人的恶意谩骂等就释怀了。不是他们多坏，也不是你哪里做得不好。恰恰相反，是因为你做得太好了，他们有点"酸"而已。

哈佛大学曾经有一位校长对自己的生活不满意，天天搞管理和学术，太乏味了。乡下农场主的生活让他羡慕不已。有一天，他向学校请了三个月假，然后告诉自己的家人："不要问我去什么地方，去干什么，我每个星期都会给家里打来电话，报个平安。"他只身一人去了美国南部的农村，尝试着过另一种所谓的幸福生活。

在农村，他到农场去打工，去饭店刷盘子。在田地做工时，连吸支烟或跟工友说句话都得偷偷地做。最让他难忘的是，最后他在一家餐厅找到一份刷盘子的工作，只干了4个小时，老板就把他叫来结账，并对他说："可怜的老头，你尽管很努力，可是刷盘子太慢了，你被解雇了。"

被解雇后，他又重新回到了哈佛，回到了自己熟悉的工作环境后，觉得以往单调乏味的东西一下子变得新鲜有趣起来，工作成了一种全新的享受。他再也不盯着自己没有的了。

为什么人们更愿意相信谎言

在某项实验中,研究者给被试者列出一系列有关健康的警告,有些是错误的,有些是正确的,最后发现,被试者采纳最多的,往往是错误的。

为什么人们更愿意相信谎言?

1. 人容易选择相信生活中曾经出现过的内容

人们倾向于认为熟悉的就是对的,这是某种心理捷径。心理学上的"熟悉效应"表明,人们之所以喜爱名画,与其说是因为画美,倒不如说是因为人们对这些画比较熟悉。当谎言的内容比较贴近我们的生活,或似乎在生活中出现过,那么人们就容易相信它。

2. 人都是贪图享乐的,人的本性决定了一切

你长得很丑能力很差但是有钱,和你条件有限但是通过努力工作和理财可以实现理想和幸福,这两条路你愿意走哪一条?如果一个人的灵魂驾驭不了本性,他就会表现得更物质、更贪图享乐,追

求更轻松愉快的生活。

3. 人们在信息处理中，更倾向于寻找和接受那些与自己的观念、信念和态度一致的信息

美国政治家约瑟夫·麦卡锡曾发动了一场名为"麦卡锡主义"的政治运动，指责美国内部和苏联私通。

他通过虚假的证据和演讲，制造了一种恐慌情绪，并迅速蔓延至全国，甚至影响了整个国家的政治氛围。而这种情绪的形成，正是由于人们喜欢听谎言，愿意相信符合自己期望和意愿的信息，而忽略了真相。

4. 人们更擅长把自己看到的东西解释成自己相信的

曾经有位心理学者针对星座爱好者做过这样一个实验，他根本没有研究过任何一个人，然后就把评测结果一字不改地发给所有受测者。

你对自己的要求很高，一直觉得自己还能做得更好。

你尚有很大的发展空间，只是并未挖掘这些潜力将其转化为优势。

你外表看上去虽然大大咧咧或者无所谓，内心却上进和拼搏。

你喜欢变化和多样的生活，受到约束和限制时会非常不满。

有时候你外向、可亲且乐于交际，有时候却内向、谨慎而有所保留。

而收到的反馈是，"预测太准了和我一模一样"。

这在心理学上叫作确认偏误。就是如果你一旦相信一个东西了，

就会寻找支持自己理论或假设的证据，选择性地注意和收集信息（排斥其他不利信息），并按照支持自己的想法或逻辑来解读获取的信息，从而推导出一个符合自己意愿的事实或真相。

我们想要的真相，不过是合乎我们自己口味的真相。

我们大多数时候只相信自己愿意相信的东西，而根本不在乎真相。

接受自己的无足轻重

除了父母和孩子,你其实在别人的眼里无足轻重。即使你消失在这个世界上,也不会影响别人。

这是一个残酷的事实。

有人说我们的友谊那么深厚、我在单位那么不可替代、我们的夫妻关系那么稳固。其实,只要参加一次葬礼,你就什么都明白了。我一位同学,年纪轻轻就得了癌症。他是做生意的,在公司是领导。他葬礼那天的确来了不少人。但是,只有他的姐姐哭得死去活来,也只有在他母亲的脸上,看到了真正的悲伤。其他人吃完饭就散了。

一个人,要接受自己的无足轻重。

但是,我们不能听任自己无足轻重。

在康农初任众议院的议员,当众讲演时,言辞流利的新泽西代表斐普士说:"这位从伊利诺伊来的先生,口袋里恐怕还装着雀麦吧?"

斐普士讽刺康农还未脱掉农村气息,而全会场的人听了,顿时哄堂大笑。

面对如此窘迫的场面，康农自有他的处理办法。康农虽相貌粗鄙，心里却很明白，他坦白承认斐普士先生所说的，从容不迫地回应说："我不仅口袋中有雀麦，而且头发里还藏着草籽，我是西部人，难免有些乡村气，可是我们的雀麦和草籽，却能长出最好的苗来。"

康农因为这一看似自贬身份的反驳，被大家认为是敢于面对自己弱点的英雄。为此大家恭敬地称呼他"伊利诺伊最好的草籽议员"。

康农说："对付嘲笑这一类事，不能躲闪，也不能害怕，你愈躲闪、愈害怕，它便愈攻击你，使你日夜不宁，你若迎头痛击，反而会被你所克服。就好像遇到野狗一样，狗若见你怕它，它便越肆意咆哮，你若转身对付它，它反而停止狂吠，向你摇尾乞怜。"

面对别人的轻视，正确的做法要像康农一样，既要敢于承认事实，也要表明自己的立场。

当你学会爱自己的时候，才知道日子有多爽

医学上有这样一种病人，他们能把这辈子发生过的所有事情都明明白白地印在脑海里，医生管这叫超忆症。

大家说有这种病的人会很痛苦，因为这一辈子太长了，经历过的事情也太多。既然人生不如意事十有八九，这样的记忆是对人的折磨。

如果下辈子做一尾金鱼就会很好吧，说鱼的记忆只有七秒，七秒之后又是新的开始。

所以，放下很重要。当你放下的时候，是爱自己的开始，是快乐的开始。

我的一个生意伙伴，原来是个非常"忙碌"的人，有时候忙得忘了她自己。直到一次偶然的聚会，彻底地改变了她的生活。

有一回她到深圳出差，大学的密友请她喝茶。当时在场的一位张姓女士引起了她的注意。她刚见到张女士的时候感觉这人年龄不大，至少感觉比自己小。同学介绍后才知道原来张女士还大她8岁呢。

她说:"人说 30 岁的女人都可以活得很青春的,何况自己离这个坎还有段距离,应该不至于让人说老了吧。但是今天在张女士的提点之下才发现,我原来光泽的皮肤已黯然无光,没有了原有的弹性,眼角细纹可见,眉毛不再精致清秀,眼底还可见血丝。

"再看看比我大 8 岁的张女士,皮肤细腻有光泽,略施淡粉,眼角顾盼有神,一头秀发是新潮的数码烫,身穿一袭青绿色连衣裙,怎样看都清新可人。"

对比之下,她心里有一种说不出来的酸楚。前些年,因为发生了意想不到的变故,她毅然走上经商之路,在商海里苦苦挣扎,曾创下了在一个半月里瘦 15 斤的纪录。为了赶时间,有时候只用清水抹了一把脸,什么也不涂让皮肤暴晒在烈日底下,累了一天回来就上床睡了,熬夜更是家常便饭。

她说:"我总在为家人,为生意,为生活,甚至为别人操心……细细算下来,我已经对自己犯下了这么多的'罪'。"

一个人,不论你是热爱事业,还是热爱配偶和孩子,都没有错,只是你应该记住,任何时候都不要忘了善待自己,不要忘了爱自己。

你首先是自己,才是丈夫、妻子、儿子、女儿……你做不好自己,也做不好丈夫、妻子、儿子、女儿……

怎样从跑龙套到成为主角

办公室来了两个人，一个邹敬，一个李泉，两人均刚毕业。李泉自觉不是名牌大学毕业，平时不喜表现。而邹敬是某名牌大学毕业，每日迎来送往，好不快乐。

邹敬经常呼朋唤友，出入茶楼酒肆之中，对自己的行为向来不加约束。而李泉则沉默寡言，每次见他总是一副黑眼圈，一看便知是熬夜所致，似乎从来不曾见到他出现在公众场合。这样子差不多过了一年。

后来，办公室要提拔一个总监。许多人都推举邹敬。但不久便不行了，他实在无法胜任，尽管总经理有心保他。后来再经过一次考试，李泉脱颖而出，出任这一职位，而且干得很出彩。

很多人觉得稀奇，便去他住的地方探个究竟。进屋一看，房间里除了电灯之外，几乎没有其他任何一点现代化设施。有的只是一沓沓的书，一本本的笔记，他在业余时间自学管理学知识，已经开始向 MBA 冲刺了。

几年以后，他已经进入公务员行列，在 B 市某经济办公室当主任，而邹敬却依然是个跑龙套的。

时间对每个人来说，都是公平的，世界上没有哪一个人一天是 25 个小时的。在相等的时间里，有些人肆意将其挥霍掉，另外一些人却能够自甘寂寞，独守心灵，不断向成功冲刺，造就自己的成功神话。

学会寂寞就要忍受长时间没人说话的冷清和无聊，这与其说是一种折磨，不如说是一种磨炼。

要耐得住寂寞，耐得住诱惑，还要耐得住压力，耐得住冤枉，外练一层皮，内练一口气。马云说："武林高手比的是经历了多少磨难，而不是取得过多少成功。"

木心说，生活最好的状态是冷冷清清地风风火火。

琢磨这话里的意思，大概就是别人眼中冷冷清清，自己内心风风火火。

勿逃避：
躲得了初一，躲不了十五

逃避不一定躲得过，面对不一定难过。

没有任何东西是不劳而获的，逃避能得到一时的安逸，不逃避才能得到长久的安稳。面对种种困境，我们要培养自己勇敢面对、不逃避的心态。

认识一个女孩，她的名字很好听，叫周漩，她让我叫她漩儿。我们很熟，知己的那种。在一次聊天中，漩儿向我倾诉：

"上高中的时候，为了逃避我哥的朋友的追求，本没有想要上大学的我，决定去考大学，远离他。

"大一的时候，当有两个男孩同时对我表达感情时，我傻眼了，不知咋办，再一次逃避。

"大四时，为了替别的女孩出气，让一个男孩子知道爱上被抛弃的痛苦，我假装喜欢他，答应以后会嫁给他，可没想到的是，我后来发现自己真的有些喜欢他了，当我发现了自己的真实情感时，我的第一个念头就是逃，快逃，在男孩子还没反应过来时，我已经逃得远远的，表面上成了别人的女朋友，与别人出双入对。

"终于毕业了，本不愿意结婚的我在单位的最后一位年龄比我大的女性都要结婚时，为了逃避别人的闲言碎语，我迅速地答应和现在的爱人结婚。选择他是因为他离我很远很远，我可以逃避婚姻的责任。

"结婚后，每年去看一次爱人，每当争吵时，我便不顾所有人的劝解，迅速逃走，回到自己的窝中。

"终于有一天，我们告别了两地分居的日子，再次争吵时，我已经没有地方可逃了。无地方可逃的我，只好选择放弃婚姻。在一次次放弃中，都因爱人不妥协而告吹。"

人选择不逃避所导致的结局，可能更好，也可能更糟。但在社会生活中，每个人都扮演一定的角色，承担一定的责任。如果用逃避作为自己应对的举措，结果会使自己丧失了自我超越、改变命运、突破困境的机会。

既然注定是一场生命中的劫难，那就不要逃避，逃避只会延缓解决问题的时间，甚至延误解决问题的最佳时机。好多事情即使无能为力，也要面对。殊不知，一个人在无能为力的时候才是最痛苦的时候，接下来的就是反弹。

请记住：逃避永远不可能解脱。

第五章

每个人往往更关心
自己的那部分

群体未必都是对的，有时候是非理性的。个人在群体中，容易受到群体的影响。比如，若干清醒、理智、高智商的人组成了一个大群体，其智力水平立刻会大大下降；伽利略在自己的时代也不得不低头认罪，承认地球不是旋转的。

在群体中，每个人只关心自己的利益，群体的倾向对自己有利就赞同，否则就反对。群体对个人的反馈也是如此。你厉害，群体就对你仰慕；你软弱，群体也会对你不屑一顾。在群体中，如果你发现，大家都对你客气了，不是因为大家素质提高了，而是因为你变强了。

还有什么好尴尬的

走在路上的时候想照下镜子,却发现自己没有带。那就随便找一个干净的车窗照一下呗,整理一下头发,涂个口红,卖个萌,完美!正准备离开,只见面前的车窗慢慢地降了下来……什么也不想说了,拔腿就跑!

她没洗头没化妆去超市偶遇了前男友,更尴尬的是前男友身边还有一个妆容精致长发飘飘的现女友。然而这还没完,她宽松版的衬衫在拖鞋和三天没洗的头发映衬下变成了大妈的家居服。结果现任女友还和她撞衫了,同款衬衫在"细高跟"的烘托下异常性感。

想和门卫大爷打招呼,脱口而出"你大爷好"。

跟朋友去西餐厅吃牛排,为了洋气一点,我优雅地举起右手,面带微笑地招呼服务员"Taxi"。

你经历过的最尴尬的事情是什么呢?

一个人,在公众场合的自信,取决自己的行为能获得多少正反馈的预期。你在做一件或是准备做一件你预期可能会获得负反馈的事,而这同时与你平常维持的自尊形象不同的时候，你很尴尬。这种事通常是你不擅长的，会导致别人的嘲笑或内心耻笑，而这种耻笑就是一种负反馈。

很多人不敢去做一些本来也许可以做成的事，就是害怕丢脸。可是真正丢脸的不是失败，而是甚至不敢想象失败。其实很多事情都是从尴尬开始的，包括交朋友。

刚上班的时候我曾经非常喜欢一个女孩，可是几年时间里我只敢远远地看着她。我怕被拒绝。我担心如果向她表明心迹，她会用一种冷冷的眼光看着我说："你也配这么想？"就这样，我被自己的想象吓住了。后来我偶然得知，她以前一直对我很有好感。我错过了本来属于我的幸福……

从那以后，每当怯懦、退缩的念头冒出来时，我都会拿这件事来告诫自己，不要怕可能会出现的任何尴尬。否则，我还是会一次次地错过。

我希望你记住一句话，大胆地去生活，你没有那么多观众。即使你犯了错，也不用一味去放大这个错误。因为你迈出那一步时，恭喜你，你已经战胜了自己。

个人进入群体之后容易丧失自我意识

古斯塔夫·勒庞，法国社会心理学家、社会学家，群体心理学的创始人，有"群体社会的马基雅维里"之称。勒庞最著名的著作《乌合之众：大众心理研究》出版于1895年。他认为人群集时的行为本质上不同于人的个体行为。

勒庞说："群体永远漫游在无意识的领地，会随时听命于一切暗示……它们失去了一切批判能力，除了极端轻信外再无别的可能。""个人一旦进入群体中，他的个性便湮没了，群体的思想占据统治地位，而群体的行为表现为无异议、情绪化和低智商。"

对于认知处于较低层次的人来说，个人的决策可能比群体中的决策要糟糕；但对于具有较高层面认知的人，个人的决策比群体的决策要有效得多。

在这个虚拟的网络时代，"键盘侠"就是一个明显的例子。会出现如此表现，是因为他们处在一个群体中。

一个善人发放爱心馒头，每人每天限领三个。善人的义举很快就感动了全城。然而，没想到这样的正能量行为却引发了负面的声讨。原来，有的人要求把自己几天领的馒头一次性领完。更有甚者，不要馒头，而要求店主折价发现金，后来还争吵起来。

按常理来说：受害者才有喊冤的权利，受益者哪来叫苦的底气？

本来做好事不求回报也就罢了，结果还招来一片谩骂和百般刁难。

哲学家罗素说："这个世界上最大的麻烦，就是傻瓜和狂热分子对自己坚信不疑，而智者总是充满疑虑。"这提醒我们要学会在群体中保持头脑清醒，避免群体心理带来的弊端。

不撕破脸，但可以拉下你的脸

很多时候，我们为了一时气盛，有点矛盾，就会言语过激，或者直接撕破脸皮了。

这是我之前很多时候会做的事情，其实后面想想，也不是非要去撕破脸皮的那种矛盾。当时心里不舒服，就会觉得，大不了不相处了。

最后才发现，这个世界，说大也大，可能转身就不再见了，但这个世界说小也很小，也许下个路口，就会相见。

但是，不撕破脸，可以拉下你的脸。

我上大学那会儿，一个老师，有一次分房子的机会。但是后勤的人跟他说，你还年轻，再等一年，发扬下风格，先让下老同志。老师想想也是，自己刚结婚，也没有孩子，住个单间宿舍也凑合，就同意了。

另一个老师，也有这次机会，积分都够。后勤的人也说了同样的话。他当场没翻脸，但是脸色也不好看。后来见了几次后勤的人，对他们表现得不热情，甚至甩脸子。他甚至跑到分管校长那里，诉说自己的情况，说教学一线老师不受重视。

结果，他顺利分到了房子。

关系个人利益的时候，要发扬风格，更要敢于斗争，敢于胜利。当自己很弱小的时候，谨慎为集体的利益强出头，群体的眼睛是往往对你的需求视而不见，因为每个人往往更关心自己的那部分。这无可厚非，遇到危险的时候，要考虑别人，保护自己也是人的本能。

为什么有的人畏威不畏德

"畏威不畏德"出自北宋司马光的《资治通鉴》。原文为:唐太宗曰:"夷狄,禽兽也,畏威而不怀德。"社会矛盾又有趣,以为人处世而言,在大的方面要树立自己的形象,这样能更多地得到关注和群体的仰慕,必要时能获得大众的支持。对于公司而言,就要树立威信,以不同形式的权力树立自己的威严。

你有没有遇到过这种情况:

你越百般忍让、妥协,他就越变本加厉。

你文质彬彬谈事情,对方百般刁难;你急了,厉害了,对方就妥协了。

你装修房子对方报价7万元,你看人家辛苦,还好吃好喝地伺候着。那个看似很厉害的大哥,5万元就拿下了。

有时候,你越有底气、硬气,越会有人尊重你;你越客气、和气,越有人不把你当回事。

什么原因呢?其实问题多半出在你身上。那些靠辛苦赚钱的工人未必有什么坏心思，可能是因为：

（1）你做人没有原则和底线。

（2）你有原则，但是你没有能力、没有尽力去维护你的原则和底线。

别人之所以欺负你，是因为他们自认为已经把你摸透了，他们觉得你这个人好拿捏。所以才敢在你面前肆无忌惮，无所顾忌。

这就是为什么有的人出轨了，只要另一半回头，他还会出轨。

涉及自身利益时，人们冒犯一个自己爱戴的人比冒犯一个自己畏惧的人有更少的顾忌。

为了维系社会结构的相对稳定，人类社会构建了道德这一关系纽带，倘若维系这一纽带的成本过高，或者维系者本身的道德水平不高，甚或维护道德纽带的意愿不强，就有可能背离这个没有物理约束的思想枷锁。

因此，在生意场上，只要对自己有利，有的人便把这条纽带一刀两断了，忘却恩德。

但是恐惧则不一样，由于害怕受到惩罚，付出与行动对应高昂的代价，人们则不会去破坏规则，除非不破坏规则的收益或者损失比破坏规则更大，否则绝不会贸然破坏规则，这就是"威"的力量。

第六章

与全世界对抗的人，
到底有多幼稚

我们的一切痛苦都是源于"不允许"。不允许自己比别人差，不允许有人不喜欢自己。

真正的强大不是对抗，而是允许一切发生。允许自己偶有的失控，崩溃，脆弱；允许给自己一些时间调整，放空，松弛；允许自己遗憾，愚蠢，丑陋；允许付出没有回报。当你允许这一切之后，你会逐渐变成一个柔软放松舒展的人。人应该在可选范围内，做自己喜欢的事，奔走在热爱里，才能不那么紧绷和焦虑。

你相信的太多，
是因为你知道的太少

王朔在《一点正经没有》一书中写道：你要小心这个世界上的坏人，他们都憋着劲的教你学好，然后由着他们使坏。

这话有点绝对，但是好像也有点道理。每个社会都有好人坏人。

《郁离子》中记载着这样一件事：在济水的南面，有一个商人，渡河时掉水里了，遇见一个渔夫，便请求道："我是济水一带的富翁，你如果救了我，我给你一百两金子。"渔夫真的把他救上了岸，商人却只给了他十两金子。渔夫说："当初你答应给我一百两金子，如今却给了我十两，这岂不是不讲信用吗？"商人听了勃然大怒："你一个打鱼的，一天的收入能有多少？如今一下子得到十两金子，你还不满足吗？"渔夫失望地离去了。

后来，那个商人乘船顺吕梁河而下，船碰到礁石，沉没在水中，那个渔夫正好也在那里，就告诉其他人说："这就是那个答应给我一百两金子救他，却言而无信的商人。"渔夫们靠了岸，远远地看那水中的商人沉入了水底。

老话说，万丈深渊终有底，唯有人心不可量。

罗翔说："一个人成熟的重要标志，就是在脑海中，能够同时存在两种看似对立的观点。而一个人不成熟的标志，就是脑海中总是非此即彼，非黑即白。"只有成熟的人，才会辩证地去看问题，透过表面看本质。或许，当你接触的人和事多了，就不会被表象所迷惑了。

这就需要我们真正成熟起来，有自己的思想，有去伪存真的能力，不盲从，用心感知，不会受到一些事的负面影响，始终让自己保持内心的赤诚善良，即使是被烂事催熟，也不放弃。

正如杨绛先生所言："初心的本质是，即使我见过很多复杂和阴暗，但我依然不屑成为那样的人，永远心怀善念，心灵澄澈。"

不要企图向别人证明什么

在工作中,你可能会遇到这样的情况:你尽力工作,希望得到领导的认可,然而总是因为一些小失误而受到批评;在生活中,你希望得到家人和朋友的理解,却总是因为小矛盾而引发争执。这些经历很可能会让你感到委屈,并开始怀疑自己的能力。

但是请记住:不要企图向别人证明什么,很多事情,你多大幅度地向左摆,它则多大幅度地向右荡去。

我们每个人都会遇到这样的事情,在别人对自己做的一些事情产生疑问的时候,总急着想去证明,而事实上有些东西是无须证明的,因为那是属于自己个人的事情,别人相信与否并不重要,也不会对你已经做过的事情产生什么影响,更不可能让你有所改变。既然这样又何必在意别人的眼光呢?何况真要证明些什么,也不是靠嘴上说说就行的,应该拿出行动来让人相信。

一个人,为了证明自己是个大善人,逢人便说自己做了多少好事,捐了多少钱,还拿出捐款的证据,他这样做,外人反而会看低他。

一个丈夫,为了证明自己没有背叛过妻子,就苦口婆心说了一大通自己清白的理由,其实,说得越多,妻子可能越狐疑,还可能提出新的疑点,发现他过去没有"交代"的事情。

何须证明什么呢?清者自清,浊者自浊。

真的面临别人对自己的一些不信任时,我们总会忘了这些道理,然后情绪有些激动地去跟人争论,想消除对方心里对自己的不信任。可结果往往是谁也说服不了谁,还惹得两个人都不高兴,而过一段时间冷静下来想想,就会觉得这样做其实很无聊,简直就是相互瞎折腾。

所以,不管遇到什么事,首先应该学会冷静面对,如果知道有些争论就算有结果也不会对我们有什么影响,那就不要去做这些无谓的争论,有这点时间和精神,不如喝喝咖啡,听听音乐,看看书,既悠闲又能愉悦心情。

一个成熟的人往往发觉可以责怪的人越来越少,人人都有他的难处。

假如你踩到狗屎

有一次季羡林和臧克家去饭馆吃饭,他们的邻桌坐了一对母子。在那个女子上厕所的间隙,孩子想抓桌上的花生米,结果脚下一滑从凳子上摔下来。季羡林看见孩子号啕大哭,连忙上去安抚孩子。

当那个女子从厕所出来时,看到孩子哇哇大哭,以为是季羡林弄哭了孩子。于是很不客气地骂道:"你一个大男人干吗欺负小孩?"季羡林没有辩解,转身就回到了座位。

这时,周围的人指责女人:"你的孩子自己摔倒了,是这位先生好心帮忙的,你怎么就骂人呢?"女人羞得无地自容。这时臧克家问季羡林:"你明明被人误解,为什么不澄清?"季羡林说:"大家都看着,我还需要解释吗?"

人有善的一面,也有恶的一面,这就是人性。人性要走逆时针,即便理性和道德要走顺时针。人性跟人心,永远有时差。即便你很善良,很有能力,也还是有不幸的时刻,也有可能踩到狗屎。

学会逆人性,你会越来越好。

喜欢占小便宜是顺人性，敢于吃点小亏是逆人性。

得是顺人性，舍是逆人性。

玩乐是顺人性，自律是逆人性。

真正的智慧，都是逆人性的。《权力的游戏》里的守夜人学士跟雪诺说：去做艰难的决定，除去你心里的孩子气，变成大人。

逆人性，是一个人这辈子最难做的。比如，你踩到了狗屎，会怎么想呢？一般人说踩到狗屎真倒霉。

通透的人说，踩到狗屎没关系，但不要让狗屎脏了你的脚后跟，再弄脏你的手，更不要让狗屎侵蚀你的心。

不必为偶然踩到一次狗屎沮丧，或许是吉兆。

曾国藩年少读书时，身边有一位同学总喜欢刁难他。看到曾国藩在窗前读书，就故意说他挡住了阳光，让他去别的地方看书。曾国藩没有和这个同学产生冲突，径直走到了床前，继续看书。当到了深夜，这个同学又说曾国藩看书打扰到自己休息。曾国藩继续不理会，继续默默读书。多年以后，曾国藩得中举人大有作为，而那个同学名落孙山籍籍无名。

遇到烂事，千万勿纠缠。

第七章

做事要找靠谱的人，
聪明的人只能聊聊天

过去，我们高度评价一个人，会说他很聪明能干、能力很强等，而现在，我们对一个人的高度评价是：这个人很靠谱。

这是一个智商过剩的年代，几乎人人都在寻思如何捞一把就走。而当所有人都在急功近利的时候，那些用心和走心的人，却成了最受欢迎的人。

尊重别人的人，很优秀

在职场上的这几年，遇到过不少人，合作过很多的客户。我发现了一个很普遍的现象：那些职位越高的人，越优秀的人，往往情商也越高，越懂得尊重人，相处起来越让人舒服。

尊重他人是一件永远正确的事情。即使背对别人，也要给予100%的尊重。一个业务代表与客户预约晚上10:00通电话，他与妻子8:00就上床睡觉了，9:45闹钟响了。他起床，脱掉睡衣睡裤，穿上西装，打扮一番，精神抖擞，10:00准时与客户通了电话。打电话5分钟。接着又脱掉西装，穿上睡衣睡裤，上床睡觉。这时妻子问他："老公，你刚才干什么呀？""给客户打电话。""你打电话只有5分钟，却准备了15分钟，为何不在床上打？你是不是疯了？""老婆，你不知道啊！背对客户也要100%尊重客户，我在床上给客户打电话，虽然客户看不见我，可是我看得见我自己！"

仓央嘉措说："我以为别人尊重我，是因为我很优秀，慢慢地我明白了，别人尊重我，是因为别人很优秀，优秀的人更懂得尊重别人，对人恭敬其实是在庄严你自己。"

冯仑在《伟大是熬出来的》一书里讲到了他和李嘉诚的一次吃饭经历。

有一年，冯仑和一起就读过长江商学院 CEO 班的马云、郭广昌、牛根生等人组团去香港拜访李嘉诚。

在这些大咖眼里，李嘉诚是大人物，所以他们也有些忐忑，穿戴整齐，准备的像被领导接见一样，结果却让他们人跌眼镜。

见面那天，电梯门刚一开，70 多岁的李嘉诚就站在门口和他们握手，主动给每个人发名片，要知道大人物一般不会给你发名片，只有小人物给大人物递名片的份儿。

发名片时还递来一个盘子，是放号码抓阄用的，你抓的号码决定你吃饭坐哪桌，这样就避免了人为安排谁坐主桌，谁坐副桌。

冯仑运气不错，和李嘉诚挨得挺近，心想吃饭可以多聊一会儿，所以开始没急着说话，没想到吃了十几分钟，李嘉诚就站起来说抱歉，要到那边坐一下。

这时候，他们才发现，四张桌子，每张桌子上都多放了一副碗筷，一个小时的吃饭时间，李嘉诚四张桌子轮流坐，几乎都是 15 分钟。

吃完饭，李嘉诚逐一和大家握手，在场的每个人都握到，包括墙角站着的一位服务员。

冯仑说，整个过程，这种尊重让他们每个人都很舒服。

做生意看起来是卖，实质上是"买"

做生意看起来是卖，实质上是"买"，通过诚信经营，取得顾客的信任，"买"下了顾客的心。

在浙江绍兴著名的珍珠市场，阮先生是该市场里生意做得最大的老板之一。早年间，他从珍珠养殖户的地头直接收购珍珠时，经常会遇到所带现金不够，需要打欠条的情况。这时候，香烟盒派上了用场，用来写欠条，事后养殖户凭这个香烟盒领欠款，双方从来没有因此发生过什么纠纷。

阮先生说："我们刚发展的时候，资金没有现在这样雄厚，因此经常欠账。我们谈好了价格以后，假如是100万元，那么我就先付对方20万元，还有80万元约定一个礼拜之后来拿，然后随便写在一张纸上，比如香烟盒的纸上，就成了。这其实就是一个意思，因为大家都是互相信任的，大家都有这种习惯。"

一张小小的香烟盒纸，居然可以承载足以让很多人为之铤而走险的金额，这就是信用所具有的神奇力量。正是凭着这些香烟盒纸，本小利薄的阮先生，靠赊账把自己的企业做大了。阮先生说："你想做事情的时候，首先自己要做到真诚，那么就会有很多人信任你，信任你以后，事情就很容易做。所以说想做大事情的人，他把诚信看得比什么都重要。"

这就是生意人对信誉至上的切身体会，也是他们所信奉的经营法宝。精明的商人知道，信誉是最宝贵的资源，卓著的信誉能够使自己的财富与日俱增。

生意表面看是买卖，也是人情世故。

先有了交易，
才会有所谓的交情

我们平时总是想，先与别人建立了交情，成了哥们，交易就达成了。但是真正厉害的人却不这么想，他们认为交易达成了，让对方挣到钱了，或者解决了对方的问题，对方才能和我有交情，才能成为哥们。

有一个在商场上很成功的朋友讲了一个道理，他说：

"两个人谈恋爱的时候，谁先动了心，谁就输了。先动心者，必是上赶子的人。假如你爱他，还是保持距离的好，要有点矜持。喜欢可以，在心里，别太表面化，男人是要去征服的，不给他征服的机会，不输就怪了。"

精明的人做生意，从不死皮赖脸强买强卖，如果他非要卖给你，他一定要给你说你买了以后会得到什么好处。生拉硬拽一个人让人家和你合作，往往会吓跑对方。

一次，与一位商人朋友聊天，他说："我确实想把生意做大，但我做生意从来不勉强谁，而是用我的专业水平，优厚的条件去吸引，让对方主动找我。"

商人王伦说："只要有好产品，就会有大市场！有好产品，代理商会自动找上门，生意就好做。"

一个商人的成功有很多因素，有一个好的产品绝对是一个很重要的因素。时下不少公司在产品认识上存在着两个问题：一是认为"酒香不怕巷子深"，只重视"闭门造车"，在产品研发、设计和生产中偏执于追求产品本身的完美、卓越和先进，却对其受众目标一无所知，忽视产品的适用性，结果只会遭市场抛弃。二是产品设计、功能、消费理念过于超前，产品确实有一定的潜在市场，但有的企业往往因此盲目乐观，夸大了潜在市场的规模，甚至把潜在市场当作目前的市场容量。然而，市场的开发和培育需要大量的资金和时间，在进行了大量资源投入、丰收在望时自己却可能率先变成了先烈，成了行业的垫脚石。

真正的好产品通常涵盖质量好、适销对路和服务周到诸方面。

所以，想做成生意，一定要用自己优越的条件，用过硬的产品去吸引对方，要抱着"皇帝的女儿不愁嫁"的精神。而急于与对方攀关系、建立交情往往会坏大事。

记住这句话："上赶子不是买卖。"

第八章

别在该动脑子的时候动感情

在这个世界上，真正爱你的人不会太多。对你来说，最重要的是持续的情绪稳定、良性的财务状况、可控的生活节奏和理性的生活观念，而不是某个人爱不爱你，对你好不好。男女都一样。

你突然放弃一个人或一件事，一定是积攒了太多的无力和失望。你以为错过了是遗憾，其实也可能是躲过了一劫。

完全相信感情的人，都输了

重情重义是人类一种美好的情感。站在传统儒家文化的角度，情义思想有着广泛的社会基础和深厚的文化背景，是千百年来人们不断探索完善的人性本能和社会责任的有机融合，是中国人特有的思想情感和文化特质。

但是你太依赖感情了，往往会失望。

老板说："我一直把你当亲兄弟。"你相信友情了，公司的各种苦活累活，你就要多干一点儿。老公说："不要工作了，回家我养你啊！"你相信爱情了，在家带孩子做家务，还可能被老公和婆婆瞧不起。

看看身边的朋友吧，当你穷的时候，有谁看得起你？你失业了，跟老婆说话，都唯唯诺诺。连走个亲戚，欢迎你的人都不多。

当你哪天发达了，人们马上就会变得热情起来，开始嘘寒问暖了。

不是谁变了，大家看重的是感情吗？其实是你本身的分量。

即使你真的认识美国总统，有用吗？不一定。

人脉，确实是成功的捷径。但有个前提，必须你自身有价值，而不是让人无偿帮助你！只有双方都能获得好处，人脉才有用。

作为成年人，不要总是去纠结，谁是好人谁是坏人。不管是谁，都会因为自身角度的改变，而做出完全不同的决定。

记住一点：人会背叛感情，一般不会背叛利益！

人要学会扔东西

有人说人生重要的是得,我看来其实是"扔"。

为什么要扔?

(1)很多东西不是没用,而是你已不再用。

(2)很多东西不是需要,而是想要。

(3)很多东西很美好,但已成为过去。

(4)很多东西,留着其实是一种负担。

那么,扔什么?

(1)扔掉没有意义的聚会。

(2)扔掉对他人的依赖。

(3)扔掉虚荣心。

(4)扔掉面子。

人生中,我们背负着太多的东西,一定要学会"扔",不然你最后会被压垮。很多人都喜欢买买买,而买回来即便不用了也可能舍不得扔,有人还专门弄个小屋放这些旧东西;很多人对感情放不下,把自己的生活搞得一团糟，丢了性命的都有。但是你看见哪个富人家里到处都是旧东西吗？学会扔东西，其实也是在丢掉精神上的负重，丢弃那些困惑自己的东西。在扔的那一瞬间，其实是对执念的放下。

"人与人的缘分本就稀薄寡淡，旅途中遇到的人，多是清尘浊水，后会无期。"成年人的友情，总是一路走一路丢，聊着聊着就断了，走着走着就散了。朋友越来越少，留下的越来越重要。

无论是看法、信念、回忆、工作，还是物品，甚至某个人，只要它会让你心情下沉，或感觉不好，就丢掉。如果它只是摆在那里占空间，毫无正面贡献，就丢掉。如果你得花很长时间权衡利弊，或烦恼该如何是好，就丢掉！别害怕。这是你的人生，你注定会拥有的东西，想丢也丢不掉。

高手是没有情绪的

一个人最好的修养,是情绪稳定。

一个脾气暴躁的人闯入了惠灵顿公爵的书房。他说:"我叫亚玻伦,有人派我来刺杀你。"公爵说:"刺杀我?真奇怪。"刺客把话重复了一遍:"我是亚玻伦,我一定要杀了你。""一定要在今天吗?""他们倒没有告诉我在哪一天或者什么时候。但是我必须完成任务。"公爵说:"那现在可不方便。我很忙——我有很多信要写。你下次再来吧,我等着你。"说完,他就继续写他的信。公爵的严厉、从容、大度和镇静使刺客大为吃惊,他走出去,再也没有回来。

一个人可能在缺乏教育和健康的条件下成功,但绝不可能在没有自制力的情况下成功!

2000年小布什击败戈尔当选美国总统。但你可知道,这位当选的美国总统,年轻的时候是何等的放荡不羁、缺乏自制力。

学生时代的小布什,学习成绩一般,吃喝玩乐却样样在行。平时他除了与他那帮"狐朋狗友"四处游荡之外,无所事事。他最大的喜好便是开着自己那辆哈雷摩托车，带着时髦的女孩儿，在大街上飙车。除此之外，每天晚上，他总是泡在各个舞厅里，不到深夜不会回家，而且每次都是醉醺醺的。

老布什看儿子如此不济，多次谆谆教导。但是，小布什总把父亲的话当作耳旁风，依然故我。

直到有一天，一个很特别的姑娘出现在他面前，她的美丽和纯洁一下打动了"花花公子"小布什。在这位姑娘的影响之下，小布什警醒了，他慢慢克制住自己的放浪行为，奋发努力，投身政界。经过一番奋斗，他终于成就了自己的辉煌，登上了总统宝座。

生活中，你是否也常常对自己不加管束？如果是，那么你终会因为你的放肆而付出代价。

如果你是对的，你没必要发脾气；如果你是错的，你没资格发脾气。成功者说："小孩才崩溃，我早把情绪戒了。"

所有的伤害
都经过了权衡利弊

你有没有这样的经历，同样的事情，公司里其他人做了啥事没有，你做了就有不少人跳出来说三道四？

如果一间屋子的窗户玻璃被打破了，没有人去修理，不久其他窗户的玻璃也会被打破？

如果一堵墙被涂鸦了，没有及时清理，不久墙上就会变得乱七八糟？

你以为别人伤害你，一定是你做错事情了吗？

陌生人伤害你，是他觉得你可能无力反击他。

同事伤害你，是他觉得你可能没背景，也不是老板，更不能决定他的工资。

爱人伤害你，是他觉得你不是不能替代，或者吃定了你的老实和善良。他赌你不会像他伤害你一样伤害他。你让他觉得，在你身上做坏事可以不付出任何代价。

有的公司，上司对待犯了错的人，也要先看看他的来头。

有的人犯错，众人说他是试错；有的人犯错，众人落井下石。

我们都知道，感情会变化，承诺有可能无法兑现，十分般配、相爱的人也会走散了。但是我们天真地以为，自己会是那个例外。到最后发现，无一例外。

别傻傻地认为你做得再好点，别人就对你好了。其实，很多事和对错没关系。别人早把你看透了，在心里权衡过了。

感情里的延迟满足

你是否想知道,为什么有些不如你聪明、漂亮或可爱的女性找到了男朋友,而你却没有?你是否怀疑自己正在做一些傻事却并不明白究竟错在哪里?你是否对独自度过周末和情人节的日子已经忍无可忍?对于那些只给你发短信或只在网络上与你交流,却从来不与你约会的男士,你感到厌倦了吗?你知道为什么他要了你的电话号码却不给你打电话?

一个可能的原因是,你不懂得延迟满足。

有句话说:"爱,是迫切的。"正因为迫切,所以当一个人陷入爱情之后,就会变得急于付出,恨不得将全世界最好的全给对方,把自己所有的爱毫无保留、一股脑地全都给对方。

还没等对方问,自己就把所有的想法表露无遗。生怕对方不了解、不明白、有误会,怕自己没说清楚。

嘉男恋爱之后,就用"十佳"好女友要求自己。

不仅对于男友的事情无一不尽心尽力,对于男友的要求无一不做到尽善尽美,而且为男友做羹汤,处处为男友考虑。

确实,嘉男这种全心全意的爱,的确让男友感动了一阵子。

可是人都是容易习惯的。

不到一年时间,嘉男就感觉到男友变了,对她的付出变得理所当然,对她的热情变得不屑一顾,曾经秒回她的信息,关心她的感受,现在对她则极其敷衍。

心理学家沃尔特·米歇尔说:"延迟满足,是为了更有价值的长远结果。而放弃即时满足,以及在等待中展示自我控制力,就要在对方期待某件事发生的时候,学会控制自己,不会因为对方做了什么,就马上就有所反应。稍微延迟,让他产生'落差感'"。

当一个人不怕失去了,反而越有魅力。因为你真实、自信、接纳一切可能。

容易得到的,无论再好,往往也不会被珍惜。被偏爱的,也总是有恃无恐。

只有,当我们将十分的爱,分散在一辈子的时间中,由冷淡慢慢变热,付出缓缓地增加,才会让对方感觉到持续的暖意和惊喜,最终让感情更稳定长久。

感情并不是你爱得越用力越好,而是张弛有度。

第九章

光练不说傻把式

所谓情商高，就是会说话。然而，有些人却不善言辞。经常被别人怼，也不知道怎么接话，怎么怼回去。"说完我就后悔了。""一开口就讨人嫌。"

不但要愿意说，还要敢说、会说、说到点子上，简单有效，让人舒服，一句顶十句。

有人骂你怎么办

有人骂你怎么办？

有人说，我要骂回去。

有人说，有人骂我我就收集证据，我要报警，我要运用法律手段惩罚对方。

保护自己，这当然是每个人的权力。但是，你真的这么做了，心情不会太好，结果可能比你想象的更糟。

看看通透的人怎么做的吧。

有一段时期，释迦牟尼经常遭到一个人的嫉妒和谩骂。又有一次，当这个人骂累了以后，释迦牟尼微笑着问："我的朋友，当一个人送东西给别人，别人不接受，那么，这个东西是属于谁的呢？"这个人不假思索："当然是送东西的人自己的了。"释迦牟尼说："那就是了？到今天为止，你一直在骂我。如果我不接受你的谩骂，那么谩骂又属于谁呢？"这个人为之一怔，哑口无言。

从此，他再也不敢谩骂释迦牟尼了。

当有人骂你，你千万别骂回去。只在心里不接受就可以了。他骂你，你不理他，难受的是他自己，伤害的是他自己。

东晋时期，著名书法家王羲之也有过类似的遭遇：

有一天，王羲之在大街上闲逛。看到一位老妇人正在炎炎烈日下叫卖扇子，却无人问津。

于是他心生善意，上前跟老妇人说："大娘，我给您的扇子上写几个字，保证有人抢着买。"

老妇人虽然不情愿，但心想反正也没人买，索性死马当活马医，就答应了。

结果没多大工夫，王羲之题字的那些扇子被一抢而空。

老妇人喜极而泣，第二天赶紧拿着扇子堵在王府门前。拦住王羲之说："麻烦你给我的扇子写上字。"

王羲之哭笑不得，推脱自己还有公务在身，急着出门。

两人拉拉扯扯，老妇人突然发飙，指着王羲之的鼻子大骂道：

"帮人帮到底，送佛送到西，你不懂吗？会写字就了不起呀，书都读到狗肚子里了吗？"

活得通透的王羲之当时只是笑而未答。

爱骂人的人，一般素质都不高。

你浪费一分钟在他身上，都是对自己宝贵时间的亵渎。

而且，如果你讨厌的人骂你，那你一定是做对了什么，你应该高兴才是啊。

不要把话说得太满

"话不说满,给自己留下回旋的余地",意思就是,在与人沟通时,不要把话说得太绝对,不要一味坚持把对方"赶尽杀绝",让对方没有台阶下。否则,就种下了仇恨的种子,这对你也绝不是好事。

话不说满也表现在不要对他人太早下评断,像"这个人一辈子没出息""这个人完蛋了"之类的话。在与人交往中,要多用不确定的词,要么是"可能""也许",要么是含糊其词,以便一旦有变故,可以有回旋余地。

用不确定的词句可以降低人们的期望值,你若不能顺利地做成某件事情,人们因对你期望不高,最后总能谅解你,而不会对你产生不满。

有时他们还会因此而看到你的努力而不会全部抹杀你的成绩。如果你能出色地完成任务,他们往往喜出望外,这种增值的喜悦会给你带来很多好处。

凡事多些考虑,留有余地,总能给自己留条后路。客家有句俗语:

认知通透

"人情留一线，日后好见面。"生活中很多尴尬是由自己一手造成的。其中有一些就是因为话说得太绝造成的。

某宾馆的服务员，发现客人马先生在结账后仍然住在房间，而这位马先生又是经理的亲戚，怕马先生赖账，怎么办呢？

这时，公关部小姐却是这样与马先生沟通的，她敲开他的房门说："您好！您是马先生吗？"

"是啊！您是？"马先生回答说。

"我是公关部的，您来几天了，我们还没有来得及来看您，真是不好意思。听说您前几天身上不舒服，现在好点了吗？"

"谢谢您的关心，好多了。"

"听说您昨天已经结账，今天没有走成。这几天，天气不好，是不是航班取消了？您看我们能为您做点什么？"

"非常感谢！昨晚结账是因为我的表哥今天要回来，我不想账积得太多，先结一次也好。大夫说，我的病还需要观察一段时间。"

"马先生，您不要客气，有什么事只管吩咐好了。"

"谢谢！有事我一定找你们。"

故事中，这位公关小姐去找客人谈话的目的是要弄清楚客人到底是走还是不走？如果不走，就弄清楚原因。但这个问题不好开口，弄不好既得罪客人又得罪经理。她的话说得非常得体，先是寒暄一下然后又问客人需要什么样的帮助，一副非常关心的口吻，使客人深受感动，不知不觉中就说明了原因。她的话语技巧就很高超，回旋的余地很大。

"沉默是金"在今天不适用

现在是一个合作的时代，不论是在社会、企业、家庭，还是在上下级之间、男女之间、部门之间、同事之间，要想做成一件事，完成一个计划，都需要合作，要做到高效合作，有效的沟通很重要。

有这样一个极端的测验：

微软公司有十位副总裁。在口才训练方面，他们独创了一套"副总裁训练法"，这个训练有很多项目，其中一项是：口才教练要求十位副总裁坐在一起，"随便聊些什么，但是不要谈公司的事情"。一个小时后，教练要求每个人对另外九个人进行评估和排序，从最优秀的领导排到最差的领导，并且要求他们不考虑过去的经验，只根据一个小时的交流来做出判断。

在对训练结果进行评估时，在这一个小时中不大说话的人总被排在最后——这证明了"沉默是金"如今已不适用。而排在倒数第二位的总是那个老抢着说话，但所说的话又没有太多意义的人——这说明，虽然积极但说话缺乏针对性和目的性，其效果和不说话也差不多。

这个结果表明，有效的交流不只在于打破沉默，还在于说什么以及怎样说。

下面总结沟通要坚持的四个基本原则：

1. 意思确定

要保持愉快的、有效的沟通，你的意思必须确定，你必须首先想好你要说什么。不要词不达意，让对方接收到另一个意思。

2. 事情明确

你在表达一件事情时你必须前后有联系，用准确的语言表达明确的事情，不要东拉西扯。

3. 内容与形式必须统一

研究表明，人们把一个意思传达给对方时，语言所起的作用只占7%，声音所起的作用占38%，表情、动作、语音语调等所起的作用占55%。所以沟通最好当面进行。

4. 目的单一

有效的沟通目的单一才能准确表达，要加上其他目的，就会冲淡你的意思。我最害怕的就是演讲结束后有人用痴迷的眼光看着我说："您讲得真好！"我问："好在哪儿？"回答："您太能讲了！"这就没有任何意义了。

"听"比"说"还有用

人际交往中，与人沟通不仅需要会说更需要会听，倾听是有效沟通的金钥匙，会说是一种能力，懂听则是一种智慧。中国人说话比较含蓄、婉转，常常话里有话，这不仅是一种说话的艺术，更是为人处世的精明表现。

听懂对方的话，在沟通中所发挥的作用与如何表达同等重要。因此，沟通最重要、最关键的一条就是要学会聆听对方的弦外之音。这就要求我们细心领悟与揣摩说话人的意思，倘若听不出"弦外之音"，不会察言观色，等于不知风向便去转动舵柄，弄不好还会在小风浪中翻了船。

中国的一句老话叫："说话听声，锣鼓听音。"指的就是要注意对方的弦外之音。沟通能力强的表现，主要是重在听，听懂对方表达的含义，关注言语之外隐含的信息，其次是说，在听懂的基础上，言简意赅地回答对方关注的焦点问题，如此才可缩短双方之间的距离。

有这样一件事情，一位外交官的太太曾细述她丈夫初入外交界，带她出去应酬时的情形。她说："在那些场合真是活受罪。因为我本身是个小地方的人，而满屋子都是当时的社会精英人物，他们不但口才奇佳，而且大多也都周游过世界的很多地方。"

一次宴会上，她终于向一位还算熟悉的外交家吐露了自己的问题。这位外交家笑呵呵地对她说："其实，每个人说话都要有人来听。因而，善于聆听的人在宴会中同样受欢迎，而且这也是一项难能可贵的品质。"

聆听能促进你的思考能力的提高，更能让你认识到每一个人的内心世界。善于倾听是一种美德，是理解、是尊重、是接纳、是期待、是分担、是共享，因此倾听不仅仅给了别人一个表达的机会，还可以获得对方的喜欢与信任，从而走进对方的心灵。

世界最著名的影剧记者伊撒克·马士逊说："世上许多人之所以不能留给人良好的印象，正是因为他们不能耐心地做个好听众，由于他们只关心自己接下来要说的话，所以根本不肯耐心地去听人家把话说完……"倾听是一种与人为善、心平气和、谦虚谨慎的姿态，这种姿态，能使你倾听到最真实的话语，接触到最真实的答案。

第十章

你能失去的,它本来就不属于你

你会发现失去与离别在我们的生活中是如此的频繁。无论是物件也好,还是亲情、友情,世间很多东西都无法永远留在我们身边。人最重要的不是"得",而是"失"。什么都想要的人,最后往往什么都得不到。真正能给人幸福的,不是"有",而是"无"。活得有滋有味,有说有笑,有儿有女,更重要的是活得无病无灾,无忧无虑,无牵无挂。对你来说,失去最大的意义是:成长与觉醒。

　　弘一法师说:"不要害怕失去,你所失去的,本来就不属于你,不要害怕伤害,能伤害你的,都是你的劫数。"拥有的都是侥幸,失去的也是人生。从前以为不能接受的,最后也在时间的磨合下,慢慢接受了,生活充满了想象,遗憾才是常态。

人生，无非是一个不断失去的过程

村上春树说："人生很宝贵的东西，会一个接一个，像梳子豁了齿一样，从您手中滑落下去。"

一位很有名气的心理学教师，一天给学生上课时拿出一只十分精美的咖啡杯，当学生们正在赞美这只杯子的独特造型时，教师故意装出失手的样子，咖啡杯掉在地上成了碎片，这时学生中不断发出了惋惜声。

教师指着咖啡杯的碎片说："你们一定对这只杯子感到惋惜，可是这种惋惜也无法使咖啡杯再恢复原形。今后在你们生活中发生了无可挽回的事时，请记住这只破碎的咖啡杯。"

这是一堂很成功的心理教育课，学生们通过摔碎的咖啡杯懂得了，人在无法改变失败和失去时，要学会接受它，适应它。

人生也一样，两人关系到头了，不等于你的生活终结。爱错了人，也不必责备自己，谁没犯过错误？

我们都经历过失去某种重要或心爱的东西的事情，其中大都在我们的心理上投下了阴影。究其原因，那就是我们并没有调整心态去面对失去，没有从心理上承认失去，而总是沉湎于已经不存在的东西，没想到去创造新的东西。

人生中，我们有太多不想接受的"失去"。比如，好不容易得到了上司的赏识，他却又被调往别处；全力以赴做了投标书却因为最后一个数据没有核实而失去了机会……与其让这些无可挽回的事实破坏我们的情绪、毁坏我们的生活，还不如让自己坦然接受这些事情，并加以适应。要记住，有些时候后悔是无济于事的，我们已经失去了很多，只要不再失去教训就行。

如果你遇见了心爱的人，你是幸运的，无论结局怎么样，都可以说自己幸福过吧。不要相信那些爱情小说，因为我们是生活在现实中，而不是虚构的世界里，没有谁会等谁一辈子。

你失去的金钱，对你来说可能是生命中最轻的，最微不足道的。

最后，你连自己的生命都会失去。

一切都是暂时的，一切都会消逝，让失去的变得可爱。

有些东西得不到，恰恰是在保护你

在《庄子·天地》一章里，庄子说："知其不可得也而强之，又一惑也。"也就是说，明知不可能到达却要勉强去做，这又是一大困惑。

庄子认为明知不可为而为之，只能是徒劳。

该来的终究会来，该走的也始终会走，人生在世，万事勿强求。

有个男孩疯狂地追求一个漂亮的女孩，但是对方却没有接受。男孩依然很执着，他坚信自己所做的一定能感天动地，让女孩回心转意。后来，女孩交了个男友。这个男孩痛彻心扉，但他仍固执地认为女孩是在以这种方式考验他。于是，他仍不放弃，继续展开追求。即使女孩已多次坦言自己并不喜欢他，希望双方能各自开始美好的生活。但男孩还是那么倔强，大有"不追到手誓不罢休"的架势。

终于有一天，女孩宣布要结婚了。男孩的精神几近崩溃，他实在忍受不了多年的付出化为泡影，成了一场令人心碎的梦。于是，在女孩结婚那天，男孩隐没在热闹的人群中。待到这对新人喝交杯酒，众人沉醉于喜悦之中时,他突然冲到女孩面前,将手中的一瓶硫酸泼到了她的脸上。

结果可想而知。

有的东西得不到,恰恰是在保护你。有缘躲不开,无缘碰不到。不要因为失去一些东西而伤心,对你而言是成长。你过去拼命想得到的、想做的,现在还想吗?那个让你爱的丢了半条命的人,现在见到,是什么感觉呢?我们原以为人生重要的是"得",其实是"失"。失去不爱你的人、假朋友,失去那些小机会。人也好,物也好,该扔掉的扔掉。

有时候不解决就是最好的解决办法。

负向暗示力：
越怕什么，越会得到什么

命运很顽皮，你想往东时它偏偏往西。

瓦伦达是美国一个著名的钢索表演艺术家，以精彩而稳健的表演技艺闻名。他从来没有出过事故。因此，当杂技团这一次要为重要的客人献技时，决定派他上场。

瓦伦达知道这一次上场的重要性：到场的都是美国知名人物，这一次成功不仅仅将奠定自己在杂技界的地位，还会给杂技团带来前所未有的支持和利益。因而他从前一天开始就仔细琢磨，每一个动作、每一个细节都想了无数次。

演出开始了，这一次他没有用保险绳。因为许多年以来他没有出过错。但是，意想不到的事情发生了，当他刚刚走到钢索中间，仅仅做了两个难度并不大的动作之后，就从10米高的空中摔了下来，一命呜呼。

事后，他的妻子说："我知道这次一定要出事。因为他在出场前就不断地说，'这次太重要了，不能失败'。以前每次表演，他只是想着走好钢丝这事本身，不去管这件事可能带来的一切。"

美国斯坦福大学的一项研究表明，人大脑里的某一图像会像实际情况那样刺激人的神经系统。比如，当一个高尔夫球手击球前一再告诉自己"不要把球打进水里"时，他的大脑里往往就会出现"球掉进水里"的情景。这一情景会指挥他的行动，结果事情不是向他希望的那样发展，而是向他害怕的方向发展——这时候，球大多都会掉进水里。

前些年某足球队有一个前锋几个赛季的进球都很少。他在门前的机会很多，可是每当机会来临的时候，他那临门一脚，总是把球打到门框外面去。事实上，就连不会踢球的人都看得出来，有许多球，他只要一蹭就能进球门，他把球打到球门外面比打进球门难度大多了，费劲多了。

他太想进球了，他太想立功了，他太想表现自己了。当他站在球门前的时候，当机会来临的时候，他脑子里踢球以外的信息太多了。

我们每一个人几乎都有过这样的经历，我们越是专注于某一件事情，越是很难做好。而许多感觉实在难以完成的任务，心里不去想了，以听之任之的心态去对待，往往却又轻而易举地做好了。

隔岸的风景总是最好的

在现实生活中,我们常常会遇到这样的情况,越是得不到的东西,越具有诱惑力,这种诱惑力使人们充满窥探和尝试的欲望,千方百计地想通过各种渠道获得或尝试它。

法国著名农学家安瑞·帕尔曼切在德国当俘虏时,尝到了土豆的"甜头",后来,回到法国后,就想在自己的故乡培植它。

可是,当他把土豆引进到法国时,很长时间都没有得到人们认可,迷信者把它叫作"鬼苹果"。医生们认为它对健康有害,而农学家则告诉人们土豆会使土壤变得贫瘠。这些"权威人士"的断言,使土豆成了不受欢迎、稀奇古怪的东西,谁也不敢种。

后来,安瑞·帕尔曼切想出了一个办法。他在得到国王的许可后,在一块出了名的低产田上开始栽培土豆,而且,他还要求国王派给他一支身穿仪仗服装的卫队看守这块土地。不过,只是白天看守,到了晚上,卫队就撤了。

每天人们路过这里,看到那阵势就非常好奇,是什么东西需要卫队这样煞有介事地看守呢？一定是好东西才怕别人偷啊！人们猜测，土豆一定是非常好吃而且很有好处的食品，就禁不住想探个究竟。

于是，他们商量好，到了晚上就到那块土地上去偷挖土豆，然后种到自己的菜园里去，结果土豆得到了很好的推广。人们发现这是一种口味非常不错的蔬菜，没有任何可怕的地方。

无法知晓的"神秘"事物，比能接触到的事物对人们有更大的诱惑力，也更能强化人们渴望接近和了解的需求。我们常说的"吊胃口""卖关子"，就是因为人们对信息的完整传达有着一种期待，一旦关键信息在接受者心里形成接受空白，这种空白就会对被遮蔽的信息产生强烈的召唤，这种"期待—召唤"结构就是诱惑力存在的心理基础。

这在现实生活中是普遍存在的。例如，收音机里播放的评书节目，每次都在最扣人心弦的地方停下，留下悬念，以使听众在第二天继续收听。再如，电视连续剧往往在剧情的关键处突然插播广告，这种做法除了能提高广告的收视率，更能吊足观众的胃口。

在日常生活和工作中，了解了这些，就可以变得更"聪明"：如果有人故意吊我们的胃口，要保持冷静、不为所动。但是，如果对方是善意的，故意卖关子是为了给你一个惊喜，那就要积极"配合"。

隔岸的风景总是最好的，可是真到了那个地方，又觉得也就那么回事。得不到的总是耿耿于怀，得到后的快感却也很短暂。

第十一章

生死面前，其他一切都是小事儿

财富时代，人们一味追求事业、金钱，容易忘记对健康的维护与投资。在这个和平时代，不管你有多少财富，如果以牺牲健康为代价，都是不划算的。一个人，要想在事业上获得成功，最基本的条件就是有一个健康的体魄。

拿自己的健康换取金钱，无论你得到了多少，都是一桩赔本的买卖。健康没了，再多的钱，都将失去意义。人没了，对于他来说，世界就没了。照顾好自己的健康和情绪，这场人生，你就赢了一大半。

经常生小病的人，
不容易得大病

很多人都应该听过这一种说法，平时有一些小病小痛的人，比起那些平时没有生病的人来说不易得大病。这也就是人们常说的："小病不断，大病不来。"但这一说法究竟对不对呢？

从我们固有的角度出发，平时越是容易生病的人，得大病的概率应该更高才对，那为什么这句话会在民间流传至今？仔细想想，应该是有一定道理的。我们仔细研究会发现，这句话讲的是两种人，一种是经常生病的人，另一种是平时看起来很健康的人。

第一种人自身的抵抗力较差，属于那种易感人群，无论在换季，抑或在流感患者身边待一会儿，他都会很快地染上流感。但是过几天，经过简单的调理，他很快就会恢复健康了。

俗话说久病成良医，如果一个人感到身体不适时，他总是及时地想办法解决，身体哪方面不舒服，他就会吃药，当药物不起作用时，他就会选择去最近的医院看医生，他还坚持每年体检一回。所以直到现在，他都没有得什么大病。

第二种就像蔡桓公一样。众所周知，扁鹊是春秋时期医学界第一人。某一天，他路过齐国的时候，恰巧遇到了齐国国君蔡桓公，不过只一眼，他便看出蔡桓公气色不是很好，便断定他生病了。于是扁鹊直言不讳地告诉他："你有病在肤表，应及早医治才是。"蔡桓公听了，满满地不屑，选择不予理会。

扁鹊见他不在乎，便独自离开了，这时候，蔡桓公对左右说："所有医生都具有利益性，他们自己没本事，就喜欢把没有病的人当有病来治。"过了几天，扁鹊又见到蔡桓公，观察过后告诉他："你的病已到血脉，不治就会加重。"蔡桓公听了非常不高兴，又一次不予重视。

不久以后，蔡桓公病重，他派人来请扁鹊，但扁鹊已经离开齐国了。蔡桓公因为延误了治病时机，不久就去世了。

经常生小病的人，不容易得大病的说法是有一定依据的。它指的是经常生小病的人，一般都很重视自己身体状况的微妙变化，一旦发现问题就去就医。而那些强壮的人往往会忽略自己身体的轻微不适，从而导致了更为严重的病情。

别等累了再回头

我们都有这样的经历：一大早起来，匆忙起身，忙得团团转，洗漱一番，穿好职业装，草草地吃完早餐，提起包往外跑。到了单位赶紧开始接待厂商，接待客户。一刻不得清闲。

更有一些所谓的成功人士，为了工作，舍生忘死，顾不上理会身边的亲人；因应酬和朋友相聚的时间比家人还要多。当你累了回头看的时候，才发现只剩下自己一个人了，家人远远地在后面，离你是那么的远……

虽然你还年轻，但你要知道你只是一个人，你的能力有限。况且你也不可能永远年轻，当你过早地消耗掉自己的时候，那接下来的就是江郎才尽，或者一身的病痛。要知道，很多人年老时候的身体不适，都是年轻时落下的病根。

因此，请不要让自己忙碌得像陀螺，好像这个世界上只有你是最能干的。不妨歇息片刻，轻松下来。如果你发现自己正在疯狂地奔波劳累，透支着自己的健康，忽略了家人，那要赶快停下来。

下面是让心灵放松的几种方法,帮助你暂时松弛一下。

(1)不是自己的分内工作最好推辞掉。

(2)久坐或者保持一个姿势太长时间的时候,不妨找机会放松一下。

(3)不让家庭成为第二"办公室"。

(4)给自己放个小假,选择一种最喜欢的消遣方式。

身体是自己的,财富是快乐人生的附属品。

不要越俎代庖，该谁干的事就让谁去干

有的人习惯于相信自己，放心不下他人，经常粗鲁地干预别人的工作过程。这样就会形成一个怪圈：上司喜欢从头管到脚，事必躬亲，独断专行，疑神疑鬼；同时，下属越来越束手束脚，养成依赖、从众和封闭的习惯，不仅会把最为宝贵的主动性和创造性丢得一干二净，而且会严重挫伤下属的自尊心和归属感。

上司亲自干，累个半死；下属旁边看，工作却悠闲。

下属之所以干不好，可能有以下几个原因：

（1）可能你没有教会下属怎样独立解决问题和独立思考，导致他们有问题搞不定也提不出合理可行的解决方案，最后总是把烂摊子丢给你。

（2）可能你没有设计好工作流程，包括项目进度的追踪节点、每个环节的负责人，以及工作进度延误的后备计划，让你的下属在临近工期的时候才来找你临时抱佛脚。

（3）可能你没有成就下属、帮助下属的态度，没有让他们意识到你是他们最大的资源，所以下属工作中出了问题也不愿或不敢找你。

（4）可能你一方面不会辅导人，另一方面又过于完美主义，或者不信任自己的下属，导致事事亲力亲为，让自己很累，让下属没办法成长，感觉到不自由，不能发挥他们真正的能力和长处。

如果作为上司什么事情都自己干，不仅下属养成不积极解决问题的习惯，同时也没有更多的时间去思考整个团队的发展。应该学会赋能，教会和激励下属独立干。

上司亲自做下属做不好的事，是最大的失职。

拿命换钱是最不值得的

生命和财富相比哪一个更重要?当然生命更重要,可以为了生命不要名,不要利,为了名利牺牲自己的生命是没有意义的。

假设我们面前站着一个乞丐,你问:"打你一拳给你300块钱,你干不干?"乞丐讲,干吗不干,就说干。如果你说:"给你5万元我再打你个半死,你干吗?"他说干。但是你说:"如果我把天下给你,你把头砍下来好不好?"他肯定就会说不干,因为他有了天下,但是没有生命有什么用?

一个人在世界上要想大有作为,必须善待自己的生命。

有许多人不知自爱,常常在无意识中损害自己、欺骗自己。他们出外办事时,总是饮食无定,有时竟一点东西也不吃,就是吃也不依照日常的时间。他们还总要剥夺自己睡眠和休息娱乐的时间。由于他们经常摧残自己的身体,所以,不到40岁他们的头发已经渐白,身体已经显出衰老的样子。他们竟然不懂得,要实现自己的雄心和志向,需要相应的体力与之配合。

在饮食和生活起居上，如果我们能多掌握一些健康常识，维持适当的营养，过一种简单、有规律、有节制的生活，那么我们可以保持身体健康。

睡眠不足、缺乏户外运动、工作过度疲劳，凡此种种，都是减弱体力、损害身体的原因。

还有许多人把精力浪费在愤怒、忧虑、怨恨以及琐碎的事情上。甚至有的人在这方面比在工作上消耗的精力还要多，这样做一点用处没有，得不偿失。

照顾好自己的健康和情绪，这场人生，你就赢了一大半。

第十二章

你只负责做好自己，上天自有安排

人生走到最后，其实都是自己和自己过，其他人都是配角。当然在别人的眼里，人家是主角，你是配角。这个世界上最理解你的人就是你自己。其他人都不可能有多理解你。他们和你的位置不同，认知不同，他们也有自己的需求要去满足，不可能方方面面都顾及你的心思和情绪。所以说你要找到能让自己充实的事情和方法。

　　如果想把你的开心和快乐寄托在其他人身上，都是不可能实现的。做你认为对的事，不在意别人的眼光，要在意你的所作所为，是否可以让你心安理得！

起心动念皆是因

人,不能干坏事,也不能有坏念头。

明武宗正德初年,安徽商人王善到40岁还没有儿子。有个老人一看见王善就忧愁地说:"你还没有儿子吧?"王善说:"是的。"老人说:"你不但会没有儿子,而且到了十月,更有大灾难。"

王善急忙到苏州去收取财货,然后回去。

当时正值梅雨季节,河水猛涨,不能行船,王善只得暂时住在客店内。到晚上时,天空放晴,他到河边去散步,看见一个少妇投河自尽。他马上呼叫渔船,说:"谁能救起这个人,我出二十两银子。"船夫纷纷去救,终于把少妇救了起来。他便把二十两银子给了船夫。

王善问少妇为什么要寻短见,少妇回答说:"我丈夫外出做工,我在家中养了一头猪,准备用来偿还田租。昨天把猪卖了,不料收的钱全是假银子。既怕丈夫回来责骂我,再加上家中贫困,就不想活了。"王善非常同情她,问她一头猪值多少钱后,便给了她双倍的钱。

少妇回家时，在路上遇到丈夫，便哭着把这件事告诉了他。丈夫非常怀疑。晚上，夫妻俩一起到旅店去找王善，想问个究竟。到旅店时，王善已经关门睡觉了。丈夫叫妻子敲门。王善问是谁，她回答说："我是今天投河的那个女人，特来致谢。"

王善厉声说："你是个少妇，我是个孤身的外乡男人，晚上怎么能随便见面呢？快快回去！如果一定要来，明天早晨与你丈夫一同前来。"

丈夫的疑惑一下子便消除了，诚恳地说："我们夫妇都在这里。"王善便披上衣服起来。当他刚刚走出房门时，只听房中"轰"的一声。他们惊慌地进去一看。原来店房的后墙因久雨而倒塌，床铺已被压得粉碎。他这时如果不起床，肯定要被压死。

王善一直活到 98 岁才去世。

我们说善有善报，并不是说你做了好事明天就能得到金钱，就能过上好日子，就能捞到某种好处，而是在不知不觉中启发你，让你得到精神上的鼓励，觉得生活更有意义，生活得更美好，心情更快乐。难道这不是回报？

我们说恶有恶报，并不是说一个人做了坏事明天就得到报应，受到惩罚，或丢钱，或生病，相反，现实生活中做坏事的人反而得到了很多其不该得到的东西。但是，他们的内心很快乐吗？很充实吗？不但不快乐，只满足自己的私心，生活的意义也变了，没有满足感，亲情观念淡薄，难道这不是对其最大的惩罚吗？

如果一个人的内心有痛苦，那就说明这个人的内心一定有和这个痛苦相对应的"恶"存在。如果一个人的内心已经没有任何恶，那么这个人的心灵是根本不会感到痛苦的。

不论你在哪里，做过什么，你能骗得了你的下属、你的客户、你的朋友、你的家人，但你骗不了自己。

医不叩门，师不顺路

俗话说："法不轻传，道不贱卖；师不顺路，医不叩门。"一个医生，一般情况下，如果没有得到别人的邀请一般不主动给人看病。在古代，不经过他人同意就去给人看病，往往是要被轰出去的。即使在社会开明的今天，不请自来已经是很不礼貌了，更何况还是去人家里看病，着实是有些不合时宜了。所以做医生的不要主动敲门问病人治不治。

这句话乍听起来，好像觉得医生比较冷漠、清高，好像不近人情，不够慈悲。其实不是那么回事，我们简单分析一下。

病人既然没有邀请你去看病，就说明人家对你的信任度不高，不太相信你的医术水平，或者不太相信你这个人。这样的话，即使你主动去给人看病，人家也未必会好好地配合，人家可能会怀疑你别有动机，为了利益强拉病人，是奔着赚钱去的。病人不和医生配合，你医术再高，也看不好他的病，所以还是不去为好。

医生和病人之间，也需要个缘分，需要真诚、信任，大家一起使劲，这个病才能治好，否则剃头挑子一头热，那病就治不好了。

师不顺路，是"师道"的一个规矩。作为一个老师，不要轻易答应人家随口提出的要求。有时候人家可能只是跟你客气客气，根本就没有诚心相邀，你却主动送上门去，那就搞得很难堪了。

《易经》上讲："匪我求童蒙，童蒙求我"，老师教学生，不能主动去求学生，那样他就不会尊重你，重视你，自然也学不到东西了，所以要等着他主动去求老师，有这样真诚的心，才能真正学到东西。

现实中，我非要拜谁为师的很多，而我非要收谁为徒的很少。

真正通透的人，早已懂得管好自己，不渡他人。

你的标准答案，未必是别人的最优解。

现实中，不少人都习惯对别人的生活指手画脚。

这个世界上，每个人都有自己的生活态度和行事方式。

别人的幸福，你未必懂得；他人的苦衷，你也未必全知。

我们的经验和已知，很多时候还不足以去判断别人的人生。

凡事过了头，就变味了。

发自己的光就好，不要强行为别人点灯。

柔弱真能胜刚强

老子有一位知识渊博，对许多问题都有奇特而独到的见解的老师，名叫常枞。一天常枞病了，老子去看望他。

常枞张开口问："你看，我还有牙齿吗？"老子看看说："没有了。"常枞吐着舌头问："那么，还有舌头吗？"老子说："有，舌头还在。"常枞问："你懂我的意思吗？"

老子说："懂了，就是说，坚硬的已经掉了，柔软的还在。"常枞高兴地说："好，好！是这个意思。"

于是，老子在老师的启发下，指出了"天下之至柔，驰骋天下之至坚"的思想。很多人不同意"柔弱胜刚强"，老子便举例说，水最柔弱，但可冲决一切坚强之物。

女人柔弱似水，走起路来像阵风就能吹倒似的，但自古英雄难过美人关，有多少英雄好汉掉到情海里淹死了。

曾国藩刚当官的时候，是一个刚强、勇猛的斗士，处处表现一种不畏强暴、英勇无畏的大丈夫气概。为了大清江山，为了自己拜相入

第十二章
你只负责做好自己，上天自有安排

阁，而敢于与各种势力搏斗。他尊奉孔孟之道，一心一意用儒家思想指导自己的行动，把"以天下为己任""天行健，君子自强不息"当作入仕的指南。

一次，绿营兵在长沙火宫殿寻衅滋事，和曾国藩带领的湘勇打了起来，很明显，是绿营兵有意挑起事端。曾国藩闻之大怒，欲整治绿营兵，属下劝曾国藩忍下这口气，曾国藩不听，想借此杀杀这股歪风。

绿营兵归鲍起豹提督管辖，曾国藩只是个帮办团练大臣，无权指挥绿营兵。绿营兵纪律松弛，战斗力不强，平时练兵三天打鱼两天晒网。绿营兵的行径，曾国藩早就看不惯了，刚好发生了这个事情。曾国藩大张旗鼓整顿了绿营兵后，结果事态闹到不可收拾的地步，不但和鲍起豹不和，也得罪了长沙的官员，曾国藩索性一不做二不休，连长沙的官场一起整顿，结果和长沙的官员也闹起了矛盾，最后，曾国藩在长沙站不住脚，被逼到了衡阳。当曾国藩在岳阳和靖港惨败，险些亡命湘江的消息传到长沙时，不少人为之击掌。

不久，曾国藩又来到了江西，在江西他仍采用在长沙那种直接的、以强对强的方法，曾国藩利用鸦片事件，参劾了江西巡抚陈启迈。陈启迈的巡抚一职虽然被免，但曾国藩因此得罪了江西上上下下的官员，曾国藩的处境不但没有好转，相反越来越恶化。

正在曾国藩焦头烂额的时候，父亲逝世，曾国藩于是趁奔丧的机会逃离江西。回到家里，曾国藩反思自己历年来的行为，自己一心报效清王朝，而清王朝统治下的湘、赣却容不下他。他对皇上忠心耿耿，却招来元老重臣的忌恨。对这一切，曾国藩感到很困惑、很迷茫。

他想不通自己错在哪里。

一年之后,曾国藩终于从老子的思想里找到了答案,体会了"天下之至柔,驰骋天下之至坚"的真谛。柔软做事,不要过于强硬,事更容易成。

曾国藩奔丧期满后,奉命援浙,路经长沙,拜访左宗棠。左曾关系在此之前并不和睦,要在以前,曾国藩就会做出强硬的表示。但曾国藩这次放弃了强硬做派,在离左家较远的地方就下了轿,既不穿官服,也没带随从,徒步走向左家。左宗棠见状,十分惊讶,当天两人聊得很投机。自此,左曾关系就和好了。

为什么我们总是遭遇恶人

有一个年轻人问我:"老师,为什么我走到哪里都会遇到恶人。我运气太差了。"

看着善良又天真的小狄,我还是忍不住对他说出了真相:"你不是运气差,你就是招恶体质。"

什么是"招恶体质"?

说白了,就是特别容易招恶人喜欢,甚至原本对方是一个好人,在跟你接触后也会变成坏人、恶人。

人性是非常复杂的,人们在跟不同的人接触时,往往会展现出截然不同的态度。

那么,为什么别人总是欺负你呢?下面具体分析原因。

1. 你性格软弱,好欺负

无论是在职场中还是生活中,都有这样一些人,他们性格太好了,好到宁愿自己吃亏,也不愿意得罪人。这种人如果遇到懂感恩、知回报的人还好，若是遇到小人、恶人，那可遭了殃了！恶人们会利用他们的和气心善，不断地提出过分要求，让对方过得十分不舒服。性格软弱的人不管走到哪里，都容易被欺负。

2. 你身份低，不能对他造成伤害

黄渤说过一句特别经典的话："以前在剧组里，总是能遇到各种各样的人，各种小心机；但现在（成名了），身边都是好人，每一个人都洋溢着温暖的笑脸。"人在低处时，是最能看清人性、看清人情冷暖的。更悲哀的是，有些人也说不上是坏人，他们甚至都没有意识到自己在"捧高踩低"，只是觉得跟这些人相处，他们可以占到便宜。

3. 对方有背景，不怕报复

有一些恶人之所以豪横，也是有底气的，他们往往跟管理者有关系，甚至可能老爸就是公司老板。

世界上的坏人是有数的，只是你身边比较多而已。不改变"招恶体质"，你到哪里，哪里坏人就多。

第十三章

不要在乎失去了谁,而要珍惜还剩下谁

当你发现一个人，对你不够真诚，不够友好的时候，你要立马停止你的示好和付出。相处的时间越久，你越会发现，这个人一定比你想象的更糟糕。

这个世界最大的误会是，好人都觉得坏人坏得不可思议，坏人却觉得好人好的不够彻底。

进社会就会有人和你过不去

现实生活中的人，总是不容易的，特别是遇到一些阻碍自己前进，处处跟自己作对的人，你会感到很无奈，如果那个跟你过不去的人，能力强于你，你会感到更无奈，感觉是生活在折磨自己；一些人，能力不如你，却也三番五次跟你过不去，处处缠着你，打扰你，也会让你感到无语到极点。

哪怕我们没有得罪他们，也不妨碍他们就要跟我们过不去。

有个朋友，是一家机械厂的员工，该厂规模较大，员工众多，地理位置优越，但厂里的经营效益并不好，总部为此很忧心。为了扭亏为盈，总经理提拔我的这位朋友做了厂里的副经理。于是，有着多年企业管理经验的他"临危受命"。刚刚上任，他就对工厂进行了全方位的摸底。经过分析，他找到了工厂效益下降的原因，并及时解决了经营中存在的问题。这样一来，工厂在 6 个月的时间内便扭亏为盈。因业绩突出，他受到了总部的表彰，员工纷纷向他投以赞许的目光。

由于他在同事面前的地位不断攀升，总经理隐约感到了自己的地位受到了威胁。于是，开始给他施加压力，不断在他的工作中找问题。有时候一件鸡毛蒜皮的小错，一旦被发现，也会紧揪小辫不放，甚至在公司集体会议上点名批评。此外，总经理身边的人也对他群起而攻之。面对种种压力，我的这位朋友进退两难，无奈之下，只得写了辞职报告。这位朋友被排挤出局有着必然的原因，因为总经理不愿意看到他昔日提拔的员工爬到自己的头上去。

这是上司排挤你，级别同等的同事之间排挤也是常有的事情。如果哪天你发现平时很好的哥们、姐们也排挤你，请不要惊讶。

如果有一天，你发现你的同事突然一改常态，不再对你友好，事事抱着不合作的态度，处处给你设难题刁难你，出你的丑，看你的笑话，你就得当心了，这向你传递了一个危险信号：同事在排挤你。

一位通透者说过，没人跟你过不去，是生活本身矛盾密布。人家跟你过不去，肯定有原因。一般情况不外乎以下几种：

（1）想显示他的优越感和重要性。

（2）你近来好事连连，招来同事妒忌。

（3）你刚到单位上班，却有着令人羡慕的优越条件，包括高学历、有背景、相貌出众等。

（4）雇用你的人为公司人人讨厌的"头号公敌"，故连你也受牵连。

（5）衣着奇特，爱出风头，而令同事却步。

（6）过分讨好上级而疏于和同事交往。

（7）妨碍了同事获取利益，包括晋升、加薪等可以受惠的事。

第十三章
不要在乎失去了谁，而要珍惜还剩下谁

有些人见到同事排斥自己，就采取以牙还牙的方法回击：或指责人家吃不到葡萄说葡萄酸，或干脆不理睬同事，拒同事于千里之外；一些老实人，选择忍受，背后生气，影响整天的心情，或是经常抱怨连连；有一些人，干脆换个工作算了，或是换个城市，逃得远远的……凡此种种，都是不明智的。

别和社会过不去！因为他们会不让你过去。当别人总是跟你过不去的时候，继续有条不紊地做自己的事。我们只有对别人的言行不理会，一心一意向前，一直不停步，那样我们就不会受到任何影响，就会一直很优秀。等自己变得足够强大的时候，估计想要为难我们的人，也都会感叹自不量力了。

但同时，面对刁难，懦弱是无用的表现。你可以忍耐，但必须有自己的底线。一味忍耐的结果，就是让你成为办公室的受气包和可怜虫。不舒服就大声说出来，怼起来不要尿。

为什么总有人
莫名其妙地讨厌你

生活中,很多人会遇到这样的情况,总会莫名其妙地得罪人,反思一下自己好像也并没有什么过错。一个妈生的孩子,奶奶偏偏更喜欢妹妹;对其他同事十分友好的领导,偏偏对你异常冷漠;同事总是对你吹毛求疵,犯一点小错就扩大化;表面上对你笑脸相迎的人,却在背后对你恶语相向;总有人误会你,根本不了解你只听别人的一面之词而讨厌你。社交中、职场上满腔热情、小心翼翼的你,甚至什么都没做,就被别人讨厌了;或者你再怎么积极表现甚至放低姿态来迎合对方,仍会碰壁,难以融入团体。

可仔细想想,我也没有得罪谁,也没有害谁,他们为什么这样?

1. 可能你无意中侵犯了别人的利益

当你对别人有用时,人性就是善良的。当你对别人无用时,人性就是自私的。当你触碰别人利益时,人性就是恶毒的。

2. 受挫后一种自我安慰和攻击心理

心理学家弗洛伊德提出的"心理防御机制"这一概念，其实讲的就是自我对本我的压抑，但是压抑过后不免心情烦躁，在这种情况下，有的人就会把气撒在别人身上。

3. 控制感的介入

多数人都曾经或在一瞬间讨厌过父母，很简单，因为父母逼你做的事，让你感受到了控制，而父母因为自己"控制感"的丢失，也感到烦躁。人作为个体所拥有的对自己环境控制的潜在本性，自己不能把握，便意味着不安定和危险。

4. "自卑情结"

拥有"健全自卑"的人，会化自卑为动力，可以在压力中成长，而拥有"自卑情结"的人就会逃避现实，心灵深处不承认有比他更优秀的人，因此也就不愿意与比他优秀的人合作。

5. 一些造成他经历和伤痛的因素

一些离异的女性会对自己的孩子进行打骂和控诉，而理由一般都牵扯到了前夫。如果你和她前夫有相似之处，她就会讨厌。

6. 图像化效应

比如"那个人看起来好像很老实""东北人喜欢打架""胖人吃得多"等。

帕斯卡尔说："有些人的灵魂里寄宿着苍蝇。"被人讨厌并不一定是自己的原因，不要因为别人的讨厌而产生自我怀疑。

莫名其妙讨厌一个人，普遍存在于人群之中，在任何时候，我们都不要做那个落单的人，一定要好好生活，跟上大部队的节奏。否则，就算你毫无恶意，也会引来许多人的恶意攻击，攻击你的人多了，连善良的人也会由于从众心理向你伸出罪恶之手。

生意场上，
别人没有义务对你绝对忠诚

忠诚的人是高尚的人，忠诚是立身之本。忠诚面前没有条件，忠诚比金子更可贵，忠诚胜于能力。

在老板的眼中，忠诚比才能重要 10 倍甚至 100 倍。所以，许多老板宁要一个才能一般，但是忠诚度高、可以信赖的员工，也不愿意接受一个极富才华和能力，却总在打自己小算盘的人。

但是，我们要认清，在生意场上，人所有的忠诚，都会演变为对价值的忠诚。不要指望有人无条件地对你忠诚和付出，除非你这里一直都有他想获取的价值。一旦你身上的价值消失了，不仅时代会抛弃你，你身边人也会抛弃你，合作、恋爱、婚姻都是如此。为什么现在的人太容易分开了？因为人们纷纷跳出了世俗道德的束缚，都直奔价值而去了。

人在什么时候最忠诚，就是没有选择的时候。一桩婚姻，往往在外面有了示好的人以后，才出现了裂痕；一个多年的老员工，往往在别的公司递出诱人橄榄枝以后，才有了别的心思。

年轻的时候交了一个女朋友，谈到动情处，她说永远都不会离开我，永远对我好。"你赢，我陪你君临天下；你输，我陪你东山再起。"说这话的时候，她自己都感动了。

等我生意失败，甚至还有了债务以后，对我的态度最冷的也是她。

所以，你要想别人对你忠诚，必须能不断创造价值，并能对别人有价值，保持独有的吸引力。

只要自身强大，提供给别人独一无二的价值，忠诚的关系不需要刻意维护。

原谅了伤害你的人，是放过自己

一件事情的过去，并不关乎时间的长短，而是这件事情是否真的在心中已经结束了，不会再被卷入和纠缠。所以有时我们可以看到人们谈起哪怕是十几年前的事情还会表现出犹如刚发生一般陷入当时的情绪之中。

由此可见，放下和谅解都是非常困难的过程。人们常常会为了自己不能"放下"和"谅解"而纠结不已。认为自己不够大方明理，怎么会一直耿耿于怀，难道自己真的气量小？

其实比起一定要原谅别人，不如将精力放在让自己过得更好上。

你原谅别人也好，不原谅也罢，都没关系。你如果觉得原谅别人能让你过得舒服，那就原谅；如果你不原谅别人，能让你过得更好，那就不原谅。

在公共汽车上，一位女士无意踩了一位男士的脚，道歉说："对不起，踩着您了。"男士笑笑："不，该由我来说对不起，我的脚长得不太苗条。"哈哈，车厢里响起一片笑声。

你不原谅别人，别人受伤害了吗？苦的、难受的，恰恰是你吧！根据"谁受伤害最大就是谁的错"的理论，错的反而是自己。因为，一个人不能原谅别人，给自己造成的伤害往往是最大的。

不要恨你的敌人，他是最早发现你致命缺点的人。

真实的人生，该有更多的宽容，有更多转圜的余地。尽管目前我们离"不嗔不怨，不怒不恨"的境界还很远很远，然而，至少，我们已懂得了在"大爱"和"大恨"之间，有个"中庸之道"。

任何矛盾都不要做那个掀桌子的人，江湖路远，有缘还会再见。

折磨你的人反而会成就你

没有天敌的动物往往最先灭绝，有天敌的动物则会逐步繁衍壮大。大自然中的这一现象在人类社会也同样存在着。汤武因为有残暴的商纣做敌人而获得了拥护者，刘邦因为项羽而谨小慎微，最后得到了天下。换个角度讲，真正使罗马帝国灭亡的正是因为没有了强大的对手；在东方的秦帝国，建立不久就迅速毁灭，可以说也是同样的原因。

对你不好的人，才是你的恩人。

折磨我们的人能够刺激我们不断进取，获得成功，因此要感谢折磨我们的人，有他们的存在，才有我们的不断壮大。

韩国现代集团创始人郑周永说：没有人天生愿意接受"围追堵截"，但当这些苦难来临时，你必须接受。你要知道，如果你能走过来，别人的"围追堵截"就是上天对你的一种恩赐。谁都不能否认一个事实，很多创业者正在经历着种种苦难，遭受着种种挫折和打击，这的确是公司的不幸。可是，人们也惊奇地发现，无数杰出的人物

> 认知通透

都是从别人的"围追堵截"中走出来的，正是这种人为的困难成就了他们，这些苦难对于他们来说，是命运的一种恩赐。

所以，对于那些对你"围追堵截"的人，要抱着一种感谢的心态，要主动适应，主动突围，而绝不能报复。

"北大踹了我一脚，当时我充满了怨恨，现在充满了感激。"俞敏洪说，"如果一直混下去，现在可能是北大英语系的一个副教授。"

1985年俞敏洪北大毕业后留校任教，后来由于在外做培训惹怒了学校，当时北大给了他个处分。他觉得待下去没有意思，就选择了离开，那是1991年，他即将迈向人生的而立之年，离开北大成了他人生的分水岭，无论怎样，离开北大对俞敏洪来说都是一次挫折。但是，他没有因此而消沉，而是怀着一颗宽容、自信的心，接受生活给予他的这一切。

第十四章

完全的信任，一定来源于没有秘密，没有防备，没有算计

为什么很多人明明很努力，却依旧过不好这一生？一段好的婚姻，就是生活最好的疗愈。但是，即便你自己再优秀，再厉害，再会来事，你的感情都不一定能处理好，你的婚姻都不一定能过好。因为婚姻是两个人的事，能不能过好还取决于另一个人。但是那个人是怎样的人，有怎样的想法，会做怎样的事，你都管不住。遇到了合适的人，平平安安；遇不到，再会经营也枉然。

人的一生，有两次结婚机会。一次是与年少时的激情结婚，一次是与成熟后的理性结婚。找到婚姻的破局之法，婚姻就会帮你打开一扇通往更宽广世界的大门。"君当作磐石，妾当作蒲苇，蒲苇纫如丝，磐石无转移！"这人间苦什么，怕不能遇见你。

你怎么变了

"我是想跟他好好过日子的,曾经数次痛哭流涕、掏心掏肺地跟他沟通婚姻的问题,然而收效甚微。""在他看来,只要我不吵不闹,不提离婚,就是正常的,其实我的心早已死了一千遍。""他变了,变得我不认识了。"

很多人感到奇怪,另一半总是琢磨不透,总是捕捉不到对方的心。其实,变是对的,不变才是非正常的。

你遇到他时,是他的盛年,二三十岁的男人有阅历有才华,足够吸引你这样初入社会的小姑娘。

之后他的人生随着年龄的增大,逐渐趋于平凡和琐碎,缺点被放大,优点变得黯淡。

而你却在一点点成长,你进入了你的盛年,当年那个自卑的小姑娘有了主张和自信,看到了华美之下的褴褛,灿烂之下的疮疤,他旧日的光环被一点点剥落。

他依旧是过去的那个他,所有改变只是走近后揭开了面纱,你却不是过去的那个你。

你从未真正地了解过他，当年是这样，现在也是这样。不是他变了，是你长大了。

随着年岁的增长，人们才慢慢明白，相爱容易，相守太难。发生在我身边一个真实的例子，一对夫妻刚刚结婚没几个月就离婚了。身边的人都很纳闷，后来问及原因，其实也没有什么大事。女生受不了男生每次回家不先换上拖鞋，每次在阳台抽烟总是把烟灰弹到花盆里，晚上洗澡总是磨磨蹭蹭……男生受不了女生婚后一直喋喋不休，像个妈婆子。两个人都无法包容彼此，这段婚姻自然就过不下去。

如果他们学会站在对方的角度去看待问题，也许婚姻不会遗憾收场。

男人忘了换拖鞋就进家门，也许是工作太累。

女人喋喋不休，其实只是想男人越变越好。

钱钟书曾说："不管你跟谁结婚，结婚以后，你总发现你娶的不是原来的人，换了另外一个。不是因为结婚生活才变平淡的，不结婚生活也是平淡的；不是找个合适的人很难，生活中所有重要的事情都很难。"哪有什么完全就适合的两个人。如果有完全绝配的两个人，靠的只能是彼此的珍惜。

人生就是这样，非诚勿扰。缘分是早就安排过的，如果还没来，你得等。

男人的狠
和女人的狠不一样

男人多情,但往往不绝情,或多或少都会念着跟他有感情的女人。在某种程度上,一个男人越是多情,就越是长情。

一个女性朋友诉苦:"一个人变了心狠起来怎么这么可怕,之前爱得还这么热烈,一刻也离不得老婆,发生事情后,就变得好冷漠,感觉没有心一样,说放下就放下。"

你觉得他说放下就放下,但是你不知道他在内心深处已经放弃了多长时间。曾经很喜欢的人,费尽心血得到的,假如有一天发现需要长期用纠缠,甚至身体的健康才能维持的时候,当热情终于耗尽,终于死心之后,就算再喜欢,也不想要了。

不是你不好,而是他承受不起。

身边就有这样的例子:某女性朋友之前嘴上总说要离婚,后来出轨了被自己丈夫发现,第一次丈夫原谅了妻子,也没有打闹,随后妻子又有了第二次出轨,丈夫又发现了,这次扇了女人耳光,女人之前说离婚，这次又提到离婚，男人说"好，现在立马离婚"，没有挽留，也没有回头。

再后来，女人找那个情人要和他结婚，情人却逃之夭夭，情人根本就没有离婚，只有那个傻女人才真的离婚了。后来男人到城里买了房，有了自己的新家，从此以后与女人分道扬镳，从此形如陌路。女人后悔了，托许多人去跟男人说好话，想复婚，可是男人丝毫没有心动，也没有一丁点儿回心转意的样子，两人连陌生人都不如。

女人狠起来挺吓人，说最狠的话，闹得天翻地覆。

男人对自己狠，有苦往肚子里咽。自我分裂，自我伤害；自我疗愈，自我救赎。下定决心的时候，暗地里狠心"放下"。

男人的狠和女人的狠不一样。

放弃自己喜欢的东西，真心不容易。无论男性、女性，都必须守住自己的底线。

跟妻子多谈感情，不要讲道理，更不能讲逻辑

人的思维可以分为两部分：感性思维和理性思维。感性思维是"爱""恨""愉快""悲伤"等感情部分；理性思维则是"演绎""归纳""推理""论证"等理性部分。

人类大脑的右半球负责感性思维，左半球负责理性思维。现代医学已经发现男人的大脑结构和女人有所不同。男人大脑的左半球更发达一些，所以男人比女人更善于理性思维，这也是男性在人类社会中占据支配地位的生物学原因。

男人讲道理可以在外面讲，和自己家的女人讲道理，特别是讲逻辑，那你惨了。

男性跟女性相处的时候，要以情服人，不要以德服人，更不要愚蠢到以逻辑服人。我跟老婆在一块的时候，她经常从工作中带回来一些情绪，比如，职场上的同事怎么做事的，然后她就很愤怒。有时候明显她也有错，我就给她分析，为什么这件事她也有错。然后呢，

就拆解，有时候还拿纸笔写下来，我说这事 70% 是对方的错，你也有 30% 的错。最后她说，好的。接下来两周，我都没好日子过。时间长了，我就明白，她回来讲，寻求的是感情支持，并不是你对是非对错的判断。所以做一个靠谱的老公，一是你要学会倾听；二是要学会附和。她获得情感支持也就满足了，说教可以在她平静的时候。

婚姻中的相处就是这样，不要总想着以理服人。

多大的男人
都有孩子气的一面

谈过恋爱的人，或处在婚姻中的女人都会产生这样的疑问：为什么男人总喜欢玩游戏，喜欢开玩笑，喜欢钓鱼，喜欢跑步、打球这些。那是因为他们身体里，永远存在一个长不大的孩子。

其实很多男人，包括很成功的男人都有其幼稚、脆弱的一面，在某些方面很孩子气。正如女士们所言："所有的男人都是孩子。只要你了解了这一点，你便了解了男人的一切。"

当今社会，男人的压力都很大。男人要照顾好父母，要照顾好家庭，要照顾好妻子、孩子，要面对上司，要搞定下属，要搞好事业，要多赚钱，以及应付生活中的各种零零碎碎。

男人在处境艰难的时候，经常依赖于妻子的安慰、劝解，才能重新鼓足勇气。

男人有时候像个孩子，在心里很渴望女人的鼓励和肯定。哪怕是一些寻常的夸赞，他们也会感到兴奋不已。即使他们知道这些话里，有很多的鞭策成分在里面，但他们还是会非常感激。男人的孩子气，意味着男人以此来缓解外界的各种压力。

一个朋友说："回到家只要跟她聊几句，两个小菜，一块睡着，她摸摸我的头，我闻闻她身上的味道，我就几乎感觉到我在吸入一个治疗的药剂。"

当父母渐渐老去，男人越发像个孩子。你若不疼他，真的没有人会真正疼他了。老公累时，请笑着摸摸他的头。

当男人把自己最幼稚的一面展现给你，在你面前经常像个孩子的时候，那么恭喜你，他真的喜欢你。

婚姻永葆青春的秘诀就是做一辈子的情人！

你会吵架吗

男女关系最大的悖论是女生慕强。女生总想找一个各方面条件都比自己优秀的男生,但又要求这个男生提供情绪价值。可是,一个强的人,怎么向一个弱的人低头?一个弱的人,怎么去管理一个强的人?你用什么筹码去平衡这段关系?

于是,矛盾出现了。

在家庭中,夫妻吵架是常见的。如果大吵三六九,小吵天天有,当然不是好夫妻。但从不吵架的夫妻不见得就是恩爱夫妻。天下没有不吵架的夫妻,关键要看这个架值不值得去吵,如何吵才能达到想要的效果。这就把吵架吵到点子上了。

1. 家是你放下所有面具,做回真我的地方

如果哪一对夫妻试图用理性的推理处理日常生活的每一件细小的事情,那是处理不好的,毕竟婚姻生活不是工作。

2. 不翻旧账

绝对不要在吵架时牵拖出一大堆陈年旧事，不要打击对方的家人、朋友及同事。

3. 在争吵中不乱摔砸东西

不要在吵架时摔砸东西，这样既造成了家庭的经济损失，对家庭环境也造成了危害。最可笑的是，战争一结束，还需要自己将一地的碎片整理干净，这又何苦呢。

4. 不做人身攻击

可以表达自己的意见，但不可言辞污秽，进行恶意的人身攻击，更不能越吵越远，最后变成"揭底口水大战"，切不可"图个嘴痛快"。

5. 轮流说话

要给对方讲话的机会，不要打断对方的发言，要仔细地听对方在讲什么。

6. 把自己的感受说出来，而不是批评

如果对方说："我觉得你真的很自私""那你呢？你又好到哪里去？"那么一场战事将不可避免。此时你应静下心来想想，并讲出你的想法："为什么你这么觉得呢，我做了什么事情让你感觉这样子？"

7. 不记仇

床头吵架床尾和。天上下雨地下流,小两口打架不记仇。

8. 愿意道歉

"你惹我生气了,快给我道歉",其实是巧妙地把难题抛给了对方,也是表示想和你和好,就看你如何表态了!应该抓住这个台阶,不要死要面子活受罪,哪怕胡乱说些道歉的话,对方都听着悦耳。好的婚姻,从来就不在乎谁先低头。

第十五章

向上管理，
引导上司成为你的"神助手"

在我们的职业生涯中，会遇到各种类型的上司。我们的工作安排、项目进度、升职加薪、资源分配，无一不由上司决定。因此，运用"向上管理"模式，与上司建立良好的工作关系，成为决定我们职场进阶的关键。

大多数人对于上司的认知都十分简单，遇到优秀的上司就选择跟着干，若遇到不满意的就索性离开。其实，上司哪是我们可以选择的？不能选，就要管。向上管理，发挥上司优势，相互成就。向上管理的"管理"，不是上司管理下属的"管理"，而是与上司进行有效的"沟通"。

不要小瞧"二把手"

在企业关系中,"二把手"是相对于"一把手"而言的,相当于一个单位中位居第二的领导。大家都知道,"二把手"虽然只和"一把手"差一级,但实际地位相去甚远。很多事,必须由"一把手"来点头,"二把手"一定要和"一把手"商量,而"一把手"往往只是征询一下"二把手"的意见。

可是,在人际交往中,很多人往往忽视了"二把手"。因为他以为好钢要使在刀刃上,要找关键人物,要找说话有用的人。只要"一把手"点了头,还有什么事不好办呢?至于"二把手"不得罪就行了。须知这样一来,反而欲速则不达。

张某刚满 24 岁,就已经是部门经理了,而且很有发展前途。

平常一到各部门经理开会的时候,他一去,一屋子的老年和中年人,衬得他越发地有朝气。他总是先听,然后再言简意赅地发表自己的意见,既中要害,又显得谦虚,令人叹服。

老板对他十分欣赏,对他的意见和建议十分重视。可是他对老板倒不那么恭敬，对副总却出人意料地亲近。

逢年过节，对副总必然登门拜访，且总要拎一点家乡的土特产。

公司中的很多人都很奇怪，老板明明是一个很难得的有魄力、知人善任的人，副总明明是一个本事不大、心眼不少的人，他为什么一个劲地对后者好呢？

张某认为，老板是个正人君子，用不着顾及和他的关系，只要你好好干，他对你就满意了。而副总则不然，这个人虽然没多少业务方面的本事，但他的心眼都用在为人处世上，他不一定能给你起什么好作用，如果在背后给你起点消极作用，你也吃不消呀。

因此，这个副总对张某也很好，经常向他通报一些情况。两人相处得还真不错。

故事中的张某做得对，很多"二把手"虽然没有决策权，却十分知情，对"一把手"有很大的影响力。如上级的副手、上级的秘书、上级的太太，他们对一些事情往往有举足轻重的作用。

"二把手"比"一把手"更需要尊重和理解，他们虽然不能说一句顶一句，但有自己的圈子和能量，千万不要低估，更不能回避，否则容易产生一些不必要的误会。如果他本身并没有多少值得敬重的东西，就更要敬他三分了，免得牵动他敏感的神经。

上司有被服从的需要

在公司，对上司坚决服从，既是工作方法问题，更是原则问题。

不少人认为，美国是民主度高、自由度大的地方，在那里老百姓可以骂总统，员工可以顶撞上司，可以不听上司的指令，实际上这只是一种极为幼稚的主观臆想。美国第三十七任总统尼克松说过"唯一雷打不动的原则是：一旦最高上司做出决定，争辩就要停止，所有的人都必须支持他的决定。"第四十一任总统乔治·布什也重述"在某个问题上，副总统可以与总统持不同见解，并把这种不同见解在决策的过程中表达出来。但是，一旦总统最终做出决定，分歧就不复存在了。"

服从的显著特征就是不讲条件"有条件要完成，没有条件创造条件也要完成"。所以，我们在接受上司交给的任务时，要充分发挥主观能动性，遇到的困难再多，付出的代价再大，也不要强调客观理由。

很多时候老板给你的指示并不明确，比如一个项目方案，他甚至不知道他要什么，只知道他不要什么，所以安排工作都是让你先去尝试，然后他再去审核，批你一顿让你修改，来来回回折腾一段时间，你会发现最初的那版才是他真正想要的。

如果你觉得委屈，下次再有这样的事情，你还抗拒，以后在公司的日子肯定不好过。

如果时常"主观不努力，客观找原因"，首先会给老板落下"执行指示不坚决"的印象，其次还会给老板落下"此人太无能"的印象。实际上，老板交代任何任务，都会明了其中的难处，正因为有困难，才交给你去完成，这既是对你的信任，也是对你的考验和培养。

上司有被尊重的需要

什么是尊重？尊重是尊敬和敬重。但不是巴结讨好，逢迎献媚。尊重与媚上有本质的区别。

北魏名臣崔浩，才智过人，在北魏做官50多年。有一次，崔浩从全国各地选拔了50多名汉族人才，准备派往各地担任郡守，却激怒了拓跋贵族。

太子指出，这样做不合适，应该优先使用前面选拔的储备人才，刚选拔的这批人可先安排郎中之类的适当位置历练后再说。

应该说，太子的建议很有道理。可是崔浩自恃功高盖世，公然与太子叫板，非要安排这批人不可。皇帝当然不高兴，对崔浩有了成见。后来，拓跋贵族终于借崔浩主持编纂的《国史》辱没北魏先皇为由，告发了他。450年夏，崔浩被灭族。

历史一再告诫我们，无论有多高的水平，资历多老，有多少功劳，都要摆正自己的位置，不要混乱了角色，分不清大小王。

经常与上司打交道，有人认为熟悉了关系好处，生疏时关系难处。

实际上恰恰相反，领导与被领导的关系，生疏时处理起来比较简单；熟悉了，倒是要特别讲究沟通的分寸和艺术。

尊重上司，从根本上讲，就是要始终保持清醒头脑，谨慎、谨慎、再谨慎，切不可忘乎所以、飘飘然。

一是不对上司的家务事评头论足，指手画脚。

二是不伤害上司的面子，不说过头的话。

三是不随便提意见。领导说：大家对我有什么意见，尽管提。人家给竿你就爬，噼里啪啦说一大堆。这样是很危险的。

能力会被利用和打压，态度能讨安心。和上司相处不仅要用技巧，更要用心。

麻烦上司
你才能得到更多的资源

你和别人级别相当,为什么别人一开口就能从上司那里获取资源支持,而你总是碰壁。申请资源时为什么别人的项目领导总是爽快地批下来,但你的项目领导就是不批?都说会哭的孩子有奶喝,在职场上,要做好向上管理,最直接的方法就是要学会向你的上司争取资源。

公司小李对工作一直兢兢业业,认真负责。同事小徐对工作满不在乎,经常出错。

小李默默地做好自己的事情,所有困难自己克服,他觉得上司一定是公平的,谁更认真努力上司一定会看在眼里。

而小徐不同,他向上司早汇报晚请示,天天提醒上司自己干了什么,天天瞄准机会就向领导要人要资源要机会。

升职的时候,谁会想到不是从不发声的小李,而是会提要求的小徐上位呢。

> 认知通透

很多人认为资源和决策权都在上司手里，我们没有影响的余地。但事实是，如果我们想要为项目或者自己争取资源，最好不要自己私下打听，有些情况或许放在明面上了解会来得更坦荡有效一些。比如你想知道能为项目争取多少资源，不妨主动找领导问问对项目的看法，既表现了你对工作的负责，又能巧妙了解领导对项目的重视程度；如果相谈甚欢，你也可以顺便多表达自己的意见。比如，在这个项目上，你认为最重要的事情是什么。如果要在某日前完工应该可以，但是目前项目人手太紧，公司最好能抽调几个人支援项目。

向上级争取资源，一定要正式沟通，有理有据。比如："我初步估算了一下，本次新产品设计需要完成 12 个界面设计（包括七个功能点），目前最大的挑战是评审资源，因为需要您和其他领导的评审资源，按照一次评审三个界面，每次评审会 45 分钟，我们至少需要开四次（合计 180 分钟）评审会，你看我们能否把评审日期敲定下来，这样我们可以及时拿到评审结果，快速调整设计方案。"

其实，上司是希望你把事情做好的。你做好了他脸上也有光，你的业绩也是他的业绩。

所谓的麻烦上司不是添乱，有点问题就去找上司解决。有些资源你是可以自己协调的，偏偏去找上司给你倾斜，别的同事怎么看？这不是给上司添堵吗？

第十六章

成就你、祝福你的人,可能就是陌生人

  10多年前,手里有点闲钱,在西安买了两套房子,房价大涨。每次回老家,或朋友聚会,没人提我买房子的事。前几天回老家,大家又围了过来,"听说西安的房价降了?你们家房子还值多少?"我说:"降了点!现在每平方米约2万元,还有472万元了。"亲友们有点失望,似乎降得没到他们的心里预期!

  当你落魄了,你会发现,除了陌生人,你身边的熟人很少;当你有一天成功了,你会发现,除了陌生人没有来,其他人都来了。越有钱的人,和陌生人的交往越多;越是穷人,越只会在熟人圈子里打转。

路过我们生命的人，
都参与了我们，并最终构成了我们本身

一个阴云笼罩的午后，倾盆大雨，行人们匆匆进入就近的店铺躲雨。一位陌生的老妇人也缓慢地走进费城百货商店避雨。面对她狼狈的姿容和简朴的装束，所有的售货员都没理睬她。

这时，一个年轻人诚恳地走过来对她说："夫人，我能为您做些什么呢？"老妇人笑了笑说："不用了，我在这儿躲一会儿雨，马上走。"老妇人马上又心神不定了，不买人家的东西，却借用人家的屋子躲雨，似乎不近情理。于是，她开始在百货店中转了起来，哪怕买个头发上的小饰物呢，也算给自己躲雨找了个恰当的理由。

正当她犹豫不定时，那位小伙子又走了过来："夫人，您不必为难，我给您搬了一把椅子放在门口，您坐下来休息就可以了。"过了两个小时，雨过天晴，老妇人向那位年轻人致谢，并向他要了一张名片，就蹒跚地走出了商店。几个月后，费城百货公司的总经理詹姆斯收到一封信，信中要求将这位年轻人派往苏格兰签订一份

装潢整个城堡的订单，并让他签订自己家族所属的几个大公司下一季度办公用品的采购订单。

詹姆斯很惊喜，他计算了一下，这封信带来的利益，等于他们公司两年的利润总和。他快速与写信人取得联系后，才明白，这封信出自一位老妇人之手，而这位老妇人正是美国亿万富翁"钢铁大王"卡耐基的母亲。

詹姆斯立刻将那位叫菲利的年轻人推荐到公司董事会上。没有疑问，当菲利打起行装飞向苏格兰时，他已经成为这家百货公司的合伙人了。那一年，他22岁。随后的几年中，他成为"钢铁大王"卡耐基的得力助手，事业飞黄腾达，成为美国钢铁行业仅次于卡耐基的重量级人物。

菲利以善待陌生人的小小举动，以一把椅子的问候，体现出他为人诚恳、忠厚，从而赢得了贵人的欣赏。

中国人的传统观念告诫人们："不要和陌生人说话""逢人只说三分话，不可全抛一片心"……这些观念虽有可取之处，但是，也有很大的弊端，它将陌生人拒之门外，是扩大社交圈的最大障碍。

在很多公司，许多人的交际圈过于狭窄，除了工作以外就少有和其他圈子的人相处，每天准时上下班，天天面对不是同事就是领导。整天跟你在一起的这些同事，很可能干的事跟你差不多，想法也非常接近。

只有外面的陌生人才有可能告诉你一些你所不了解的事。

他们也在等着你主动认识

当你走进一个陌生的房间,面对周围目光的压力,你紧张、不安,只想后退……但是,也许你的新机遇正在面前……

当你无助的时候,你会发现,其他人也一样,他们也局促不安。

他们也希望认识你,与你打招呼。

面对满屋子的陌生人,你就大方地迎上去,不要怕丢人。通透者说:"你不尴尬,尴尬的就是别人。"怕什么呢?

走到一个陌生人面前,你可以:

1. 巧妙地介绍自己的名字

与人初次见面时,想让对方记住自己,最简单的办法就是让对方记住自己的名字。比如,你可以对自己的名字做一个简单但容易被别人记住的介绍:"我姓接,接二连三的接,认识我,你会有接二连三的好运!"

2. 直呼对方的名字

如果对方面前有姓名牌，或者对方给了你他的名片，你就可以直呼他的名字。欧美人在说话时，常说："史密斯先生，来杯咖啡好吗？""史密斯先生，关于这一点，你的想法如何？"将对方的名字挂在嘴边。此种做法往往使对方涌起一股亲密感，尤其当你们不熟悉的时候。

3. 保持微笑

在和别人第一次见面时，微笑和赞美会有一种微妙的力量。陌生朋友会被你的微笑感染，认为你是一个很有亲和力的人。你的赞美，会让彼此一下子从陌生人变成朋友。

4. 记住对方所说的话

记住对方说过的话，事后再提出来做话题，也是表示关心的做法之一。尤其是兴趣、爱好、梦想等，对对方来说，是最重要、最有趣的事情，一旦提出来作为话题，对方一定会觉得很愉快。

5. 适当表达你的瑕疵

表达瑕疵，可以赢得关注。而实际上，一丁点儿瑕疵根本遮掩不了你本人的光辉。"这个人有点小缺点，但是其他方面挑不出毛病来，是个相当不错的人！"类似上述想法能深深植入他人的心中。

6. 不过分掩饰自己

不要掩饰自己，把自己真实的性格展现给对方。我们不想让对方看透自己，觉得对方发现自己的弱点是个糟糕的后果，可是，这样做的结果是你束缚了自己，也不可能畅所欲言、自由表现。把性格的真实一面展示给对方，就不会有太多顾虑了。

7. 坐在对方旁边的位置

很多人和陌生人第一次见面时，总难以消除一种心理：紧张和畏惧。交谈时坐在旁边的位置，由于不必一直接触到对方的视线，只在必要时接触对方的视线即可，容易放松下来。因此，初次见面最好避开面对面的交谈方式，而应尽量坐在他旁边的位置。

结识当今世界上
最重要的人

  孙悟空历尽千辛万苦，护送唐僧上西天取经，一路上遇到数不清的妖魔鬼怪，孙悟空凭借一根金箍棒降妖除魔，立下很大的功劳。当然，在西去的路上，孙悟空也遇到过自己解决不了的困难，比如遇到自己对付不了的妖怪，为了尽快搭救唐僧，他上天宫、下地府，请各路神仙帮忙。试想，如果孙悟空在危难时刻，只是"埋头走路"，不懂得向高人求助，唐僧早不知道被妖怪吃多少次了。

  在现实生活中，但凡成功的人都懂得找高人指点的重要性。他们在遇到自己难以克服的困难时，往往会想到高人。于是，他们会去结交高人。

  小王和小张都在同一家公司，同一个岗位工作。小王天资聪慧，工作很努力；小张交际能力很强，善于团结人。三年过后，两人的地位有了明显的不同。小王虽然工作努力，但是没有小张升迁快，小张已经升到部门主任，而小王还在基层努力用功。你可能会感到

第十六章
成就你、祝福你的人，可能就是陌生人

诧异，为什么工作努力的倒没有被提拔呢？

事情的原委是这样的：小王虽然工作努力，但是他在工作中不善于和人沟通来往，只顾埋头拉车，在工作中碰到"拦路虎"，也不主动向人请教，时日长久，许多疑难问题便影响了他的工作效率；而小张则不同，他与同事相处很好，并喜欢结交高人，在工作中求他们指点迷津，使自己快速进步。这样一来，小王和小张的工作成绩便有了差距，逐渐地，小张超过了小王。

那些会主动结交高人，请高人指点的人，往往会很轻松地获得成功。

既然高人的作用如此重要，那么在生活中该如何结交高人呢？

1. 尊重对方，严谨有秩序

与高人发展友情，首先要准确把握双方的关系，充分表现出对他的尊敬。

2. 态度自然，不必拘谨

高人不管地位，还是阅历、学识，都比我们高一筹。许多刚步入社会的年轻人，面对他们会别扭。其实高人也是我们平等的交际对象。我们一方面要尊重高人，另一方面也要立足于自己，守住方寸，保持本色。

3. 主动真诚，做出姿态

高人的行为是要与自己的身份、地位一致的。他们通常不会主

动和我们交往。我们要主动积极，充满真诚地做出友好姿态，这样人家才愿意帮助我们。

4. 切忌奉承

尊重高人是有原则的，倘若不顾原则，另有目的，过于低姿态，对高人难免有阿谀奉承之嫌。

通透者一般既低头拉车，也抬头看路。默默无闻地埋头苦干，既不讲究效率，又不讲求效果，若方向反了，越干离成功越远。

陌生人推门进屋，对方重点先观察的往往是你的脚

陌生人推门进屋，对方重点先观察的往往是你的脚，通过锃亮的皮鞋或满是灰尘的皮鞋，对方就大体知道你是个怎样的人，是不是值得信任。

一个人的仪表的确对他人的判断有影响，穿着得体的人给人的印象较好，它等于在告诉人家："这是一个重要的人物，聪明、成功、可靠。大伙可以尊敬、仰慕、信赖他。他自重，我们也尊重他。"

反之，一个衣着邋遢的人给人的印象就差，它等于在告诉大家："这是个没什么作为的人，他粗心、没有效率、不重要，他只是一个普通人，不值得特别被尊敬，他习惯不被重视。"

在很多场合我们没有机会向每一个人介绍自己，让对方了解自己的优点，但是优雅得体的仪表可以代替我们完成自我介绍。因为它所涵盖的内容非常广泛，比如良好的审美能力、对别人的尊重程度等。

可以说，一个人的仪表是一个人的"门面"，又是一个人内心

世界和内在气质的显露。注重仪表，对于我们而言就是为自己做了一张漂亮的名片，令接受者赏心悦目。

无论在生意场上还是在应聘工作或者私人聚会的场合上，不错的仪表都会给你加分，着装得体会给别人留下深刻的印象，不凡的仪表会吸引更多的眼球。

小李是某公司的业务员，有一次他去拜访一位客户孙经理。在向孙经理推销的时候，小李并没有说太多推销方面的话题，只是小李的个人形象比较鲜明，仪表得体，而且很有礼貌。孙经理一下子记住了小李。

当他们第二次见面的时候，孙经理还向小李提起初次见面时对小李的感觉。孙经理说："你的言谈举止间透露出儒雅自信的气质。这让我很快对你产生了好感，并且信任你。"

生意成交后，孙经理又向小李介绍了很多潜在的客户。

当兵的人一旦穿上军装，感觉上有了责任感、使命感。一个女性盛装打扮，感觉上就是要去赴宴会。

活得通透的人都知道，形象一定要走在能力前面，不然你的能力很容易被低估。

第十七章

被识破的消费陷阱

长期以来，社会总在宣扬一种有毒的容貌焦虑和身材焦虑，促使人们不断购买产品和服务。这些焦虑的缔造者，通常都是这些产品、服务的品牌方和他们背后的资本。

如今，不少消费者已经意识到了其中的蹊跷，开始拒绝再为所谓的"变成更好的自己"而消费。曾经，一句"你值得拥有"撼动了无数消费者的内心。如今，物质层面已经十分富足的年轻消费者却可能会回应："你别逼我拥有，我不需要。"

为什么买涨不买跌

每个人每天都在面临选择和决策，但这些选择并非全都是"理性"的。恰恰相反，人们受经验、满足的假想、不精确的参照系等因素的影响，时常会做出有损最大利益的"非理性"选择。行为经济学更深地洞悉了人们思维深处的奥秘，指出生活中"荒唐"决策的本质，探究非理性行为的规律。人们很多看似荒诞的经济行为，其实背后都有一个心理学原理在操纵，它无时无刻不在影响着我们的生活。

一个心理学家曾经做过这样的心理测试，题目是：假如在你的身上发生这样的两种情况，一种是你不小心丢失了 10000 元，但又捡到了别人丢失的 5000 元；而另一种是你丢失了 5000 元。问题是：前后两种情况，哪一种情况发生时，你的心情最为糟糕？

结果表明，大多数人的选择是后者，并未意识到无论哪一种情况自己的实际损失都是 5000 元。事实上如果足够理性的话，心情应该一样糟糕。

这个心理测试只是为了证明，人们在做出某种决策时，往往并非像传统经济学假设的那样，全面理性地分析问题并进行权衡，而是更为依赖情感上的感受。

人们对损失和获得的敏感程度是不同的，损失时的痛苦感要大大超过获得时的快乐感。因此，人们在面临获得时往往小心翼翼，不愿冒风险；而在面对失去时会很不甘心，容易冒险。而这正是人们消费时"买涨不买跌"的原因。价格上涨的时候，他不买就感觉自己损失了什么，所以选择跟上。

很多现象都说明了这一点。日本的房地产价格曾经上涨到了疯狂的程度，投资者照样趋之若鹜，奋不顾身地投入，根本不理会价格已远远超出商品本身的价值；经济不好的时候，当价格一跌再跌，价值早已凸显，但依然无人问津。

人是非完全理性的，都有利己的一面。知道了这一点，你消费时就会更理性。

为什么人们
往往只买贵的，不买对的

相信很多人看过冯小刚导演的电影《大腕》，这部电影中有一句很经典的台词：我们的口号是只买贵的，不买对的。其实在现实生活中，这样的例子很多，他们的动机是什么呢？

A是一家印刷厂的员工。公司这一年中业绩平平淡淡，只在微薄的利润中勉强生存。有一天领导发现公司的打印机年代久远，打印东西太模糊，久而久之，顾客也就越来越少了。老板决定买一批价格不菲的进口打印机。于是A作为采购员，不得不采购这一批昂贵的商品。

而B则不同。B是一个正值青春期的小姑娘，正如某广告说的：女人的鞋柜总是缺少一双鞋子。女生总是爱美的，B也不例外。她中意一双昂贵的高跟鞋很久了，但是迫于经济压力，一直没舍得买。这天，赶上店里面打折，B于是一咬牙，一跺脚，买下了这双梦寐以求的鞋子。

C是一位普通白领。他认为，一分钱一分货，质量与价格总是成正比的，所以贵一些也无妨。某天，他去买一件衬衫，进了店里，店员让他看了两款样式差不多的衬衫，最大的区别就是，其中一件的价格远超过另一件，而C毫不犹豫地买了那件贵的。

如此看来，不同的人买昂贵的商品，其动机往往也是不同的，于是科学家提出了"凡勃仑效应"。这个效应说的是，每个人在特殊的环境下，买东西的理由千差万别。

1. 产品因素

不得不说，有时候，价格越高的产品，质量往往也越好。因为产品本身的材料、工艺等决定了产品的价格。这种情况下，人们看重的是产品因素，其实也是为长远的利益考虑。

2. 自身因素

每个人或多或少都有虚荣心，有些人往往会买比较昂贵的东西用来炫耀。因为这类商品能带给自己更多的回头率，更高的人气。当然也有一些人，感觉这样做可以体现自己独特的品位。

3. 社会因素

生活中有很多昂贵的商品是我们必须买的，如结婚时为自己买的戒指，一两套可以出席重要场合的礼服等。社交所迫，我们为了与别人建立关系，往往需要适当包装自己。

每次买完才会发现，
还可以更便宜

我们总是活在后知后觉中。比如买一件商品，我们今天刚刚买了一件看好的东西，回头去了另一家店，发现可以更便宜。

小 K 是某家工厂一位年轻的采购员，某年冬天，由于员工普遍反映宿舍太冷，要求换空调，老板临时决定采购一批空调，小 K 接受了任务。

当小 K 来到某处批发市场，走进去一看，眼花缭乱，各种各样的商品，各具特色的叫卖声，生生把他淹没在其中。小 K 无奈，只能一家一家寻找，费了半天工夫，终于找到了一家还算大的店面，于是他进去，找到了服务员，砍了半天价，终于以自己满意的价格采购了一批空调。

他忽然想到家中正好也需要添置一些东西，于是他又接连转了几家店。没多久，他瞥到不远处也有一家同样大小的空调店，店员在门口挂好了广告横幅，他走近一看，"此店即将要盘出，全场 1 折！"

小K后悔不已，1折的价格，比自己购买的价格便宜不少，如果自己早点发现这家店多好。

这世上可没有后悔药，我们为什么总在事情发生后发出"原来还可以这样啊"类似的感叹？

1. 缺乏宏观考虑

所谓宏观考虑，指的就是在做任何事情以前，都要有一个大概的想法，就像小K，如果他在买空调前，有一个宏观考虑，寻找最合适的，或许就能够以更便宜的价格采购空调了。

2. 经验不足

生活总是给我们许多教训，这也就是我们所说的经验。这个世界时时刻刻都在变，我们都在追逐着物美价廉，谁都希望用最便宜的价格买到最实惠的商品，谁也不知道下一刻会遇到什么情况，于是遇见的事情全成了我们的经验。

那么，我们怎样尽量避免买完就后悔呢？

首先，学会比较，活用比较。在消费时，只有通过比较才能得知其中秘密，从而在付出最少的前提下，得到我们想要的东西。

其次，稳中求胜。我们要等待时机，因为成功总是属于善于等待和忍耐的人的，在合适的时机，做合适的事，才不失为最好的办法。

消费陷阱

消费者通常活在促销的雾霭中,难以寻找方向。总是花了钱买了不必要的东西,然后事后又很后悔。

罗伯特对着想买的一瓶酒,开始了自己的思考:

"对现在的我来说,真的必须要买这瓶酒吗?"

当然不是。

"喝了这瓶酒会给现在的我带来 80 美元的价值吗?"

虽然没有喝过,但至少可以肯定的是,它没有 80 美元的价值。

"那么最后,我为了喝这瓶酒而付出 80 美元的话,喝完以后还可以收回同等的价值吗?"

喝完以后得到的只是"我也喝到了很贵的高级酒"的满足感和味道醇美的酒意。除此之外,什么都没有。

罗伯特合上钱包放入口袋,重新披上外套离开了酒吧。

以下是应该遵循的花钱原则:

(1)让钱从钱包里流出去时要三思,把钱放进钱包时则一秒都不要犹豫。

（2）买的不是物品，而是价值。不论多好的东西，如果不符合你的价值标准，那你就连一分钱也不要支付。

（3）如果最终你无法收回付出的代价，那你干脆就不要打开钱包。

第十八章

多黑的天，到头了也得亮

困难会迟到，但从来不会缺席。你可曾看到金马奖影帝在街边摆地摊？你可曾看到德云社一群人在剧场里给一位观众说相声？你可曾看到周星驰的角色甚至连一句台词都没有？每一个成功者都有一段低沉苦闷的日子。

人只有在最黑暗的地方，才能看清真正的光在哪里。所有的山穷水尽，都藏着峰回路转。就算是一地鸡毛，也能做一个鸡毛掸子。请珍惜自己的低谷期。

每一个优秀的人，
都有一段至暗的时光

听一个朋友说，一个人如果经历了以下六件事，他这一生大概没有过不去的坎。哪六件事？下放、当兵、读大学、下海、离婚、坐牢。

为什么这么说呢？他分析道："生于70年代后的人，以上经历能有一半应该不错了。知识青年上山下乡是60年代中国特有的一段历史，吃过这个苦的人，都懂得珍惜劳动成果；军旅生活，能让人充分感受那种严格规范的命令、纪律的威力；大学训练了人的思维方法，个性自由的沟通与交流中，能提升素质、吸取营养；下海经商可以感受市场竞争与优胜劣汰的残酷；离婚不管是冲动还是理智的选择，对个人的感情来说都是一次总结与反思；坐牢是人生受挫的巅峰，不管是罪有应得还是被冤枉羁押，失去过自由、曾与死囚擦肩而过的人，都懂得生命是最美的，自由是最珍贵的。"

哈代说："人生里有价值的事，并不是人生的美丽，却是人生的痛苦。"意思是说贫困苦难可以使人坚强，使人成熟，不必计较人生的困苦，那都是生活对我们的教诲。

从困苦磨难中走出来的人，意志特别坚强，心胸更为宽广，处世尤为平和，生存与竞争能力自是不言而喻。只有从磨难的坎坷中微笑着走过来的人，才能有真正意义上的成熟。

通透者说：

你觉得孤独就对了，那是让你重新认识自己的机会。

你觉得不被理解就对了，那是让你认清朋友的机会。

你觉得黑暗就对了，那是让你发现光芒的机会。

你觉得无助就对了，那样你才能知道谁是你的贵人。

人生，拼的不是一时半会儿。

永远对自己好，
永远不要放弃自己

在你追求成功的过程中，不要因别人的影响而放弃自己的梦想。要想在这个变化的世界中获得成功，你一定要拥有拓荒者的精神，你一定要千万次地救自己于水火。

1832年，林肯失业了。当时，他下决心要当政治家，糟糕的是他竞选失败了。一年里遭受两次打击，这对于他来说无疑是痛苦的。他又着手创业，可一年不到，企业就倒闭了。为了偿还债务，在以后的17年里，他四处奔波，历尽磨难。

其间，他再度决定参加州议员竞选，这次他成功了。他认为，自己的生活可能有了转机，可就在结婚前的几个月，他的未婚妻不幸去世。这对他的打击更大，他心力交瘁，卧床不起，患上了严重的神经衰弱症。

1838年，他觉得身体稍稍好转时，又决定竞选州议会长，可他失败了；1843年，他参选国会议员，最后又以失败告终……

他一次次地尝试，又一次次地失败，但他始终没有放弃努力。1846年，他再次参选国会议员，终于成功了。在以后的日子里，他仍在一次又一次失败中奋起。最后，在1860年，他当选美国总统。

试想一下，如果你处在林肯的境况下，会不会放弃努力呢？这是那些意志消沉的人很值得去深思的问题。不论做什么事情，你都不要害怕失败。那些跌倒了爬起来，掸掸身上的尘土，再上场一拼的人，才会在事业中获得成功。

一个人，得了癌症，医生说最多能活5年，相当于提前判了"死刑"。但是他自己依然充满希望，积极生活，活了20多年还没大问题。

请你一定要对自己好点，因为一辈子不长。

永远不要自责

自爱这件事情，虽然我们都知道，但是做起来真的很难。

园园大学时期是一个非常开朗的女孩子，但是当了全职妈妈后，感觉她每天都活在自责中。她觉得自己当不好妈妈，这也不会，那也不会，有时候还控制不住吼孩子，吼完肠子都悔青了。现在女儿越来越大，她每天的自责却不曾消退……

直到有一天，她看到一个"00后"的孩子在微博中写道："我打算和我自己和解，我打算承认我的不完美，承认我的失败，承认我的懦弱，承认我的懒惰，承认我的自私，承认我的不漂亮。我也开始允许自己不那么受人欢迎，我也开始允许别人不那么喜欢我。

"我希望我能够做我自己的一个良师益友，然后去体谅她，去关心她，而不是一味地去苛刻她，指责她，她真的很累很累很累。"

园园瞬间清醒。"我也希望和自己和解，像鼓励别人那样去鼓励我自己。"

通透者不会对自己的过去过于苛责。因为那时的你只是在按照自己的方式生活。

　　随时要自省,永远不自责。不要把所有的愧疚都揽在自己身上,人不可能每一步都正确,不用回头看,也不要批判过去的自己。

神奇的自证预言

不要经常说自己，这不行，那不行，这不是谦虚，是自证预言。

自证预言是一种心理现象，意味着你的信念和态度会影响你的行为，进而影响结果，最终证明你的信念是"正确"的。

换句话说，你相信什么，就容易变成什么。

比如说，你内心觉得自己的对象出轨了，他随便和异性同事说一句话，你都觉得他们是在打情骂俏。

再比如说，你内心非常讨厌一个人，即使他真的在做一件善良的事情，你也觉得他是在惺惺作态。

大部分人对一件事情的判断，不是按照真相来的，而是根据自己的内心投射来的。内心的投射还会改变结果的走向。

比如，你如果总是告诉自己"我不会成功的"，那么你可能就会因为这种信念而不去尝试，或者在尝试中轻易放弃，最终证明了你的信念。

如果你经常对自己说"我不行"，然后，便在潜意识中，不断强化这个信息。然后在关键时刻，这种信念就会转化为实际行动（或者说，不行动），让你真的变得"不行"。

这里面有个很微妙的心理机制。

有一个女性朋友，第一次婚姻，被丈夫家暴，然后离婚。

第二次婚姻，又被丈夫家暴，然后又离婚。

第三次还是家暴。那个女性朋友对心理医生说："我不懂为什么婚前温柔体贴的丈夫在婚后会有这么大的变化，还会动手打我。"

可是心理医生在丈夫的口中却听到了另外一个版本。

丈夫就说："我们感情一直很好，但结婚后妻子只要发生一点小争吵就会说'有种你打我''你是不是想要打我？''那你打我啊''你打啊'。"妻子无数次挑衅和暗示之后，丈夫伸手打了妻子。

原来，这位女性朋友从小就看惯了自己的母亲被父亲殴打，所以她发誓长大后一定要找一个跟父亲完全不一样的男人。

于是，她选择了性格温和的丈夫，但是结婚后她总预感自己会和母亲命运一样。她害怕变成那样，不断试探，所以在自己的"调教"和"暗示"中，丈夫变成了一个打老婆的男人。

你看，这就是自证预言的危害。

打破自证预言，得意识到自己在不断地给自己贴标签，得学会用更积极、更健康的语言和思维模式来替代它们。比如，每次当你想说"我做不到"时，试着换成"我可以试试看"。这样一来，你的潜意识就会接收到一个全新的信息，即你是有能力、有可能去完成这件事的。

选择相信自己，世界才会充满可能！

第十九章

世界上任何东西，最后还有一个出路，那就是"随他去"

高手总是打太极，新手总是太着急。稳中藏了一个急字，"静"中藏了个"争"字，"忙"中藏了一个"亡"字，"忍"中藏了一个"刀"字。谋者胜于虑，智者胜于藏。高手总是先布局，新手总是先入局。

有的成功看起来像失败，而有的失败看起来像成功。不要再执着于要办成多大的事，要成为什么样的人。世界上任何东西，当你把吃奶的劲都使上也万般无奈的时候，还有最后一个出路，那就是"随他去"。

成败都有迹可循

如果你没有做成一件事情,如果你没有达成自己的愿望,你以为只是时机问题,只是环境问题,只是运气问题。其实,最大的可能是你有问题。

曾国藩说:坚持做事,必须有"日日不断之功""有恒则断无不成之事"。长期主义者,不会急于求成,不会计较一时得失,因为他们懂得收获的背后是长时间的付出和反复打磨。

在一家电脑销售公司里,老板吩咐三个员工去做同一件事:到供货商那里去调查一下电脑的数量、价格和品质。

第一个员工5分钟后就回来了。他并没有亲自去调查,而是向下属打听了一下供货商的情况,就回来做汇报。30分钟后,第二个员工回来了。他亲自到供货商那里了解了一下电脑的数量、价格和品质。第三个员工90分钟后才回来。他不但亲自到供货商那里了解电脑的数量、价格和品质,而且根据公司的采购需求,将供货商那里销售良好的商品做了详细记录,并和供货商的销售经理取得了联系。另外，在返回途中，他还去了另外两家供货商那里了解一些电脑的商业信息，并将三家供货商的情况做了详细的比较，制订了最佳购货方案。

结果，第二天公司开会，前两个员工被老板当面训斥了一顿，并给予警告处分，如果下一次出现类似情况，公司将开除他们。第三个员工，因为勇于负责，恪尽职守，受到老板的高度赞扬，并当场给了他一定的奖励。

哪有什么人生开挂，不过是慢慢熬、笨笨磨而已。只有努力向下扎根、向上生长，积累、沉淀，踏踏实实地下功夫，才能在机会来临时抓住机遇，最终厚积薄发。

真正厉害的人，通透的人，靠的都是长期主义。

当你"允许自己做不到"，
你反而慢慢能做到了

电视剧《甄嬛传》有一句台词，出自皇后之口："臣妾做不到。"短短一句，便道出了人们最真实的心声。试问有多少人能坦然接受并允许自己做不到呢？特别是那些要强的人和追求完美的人。

通透者说，当你"允许自己做不到"，你反而慢慢能做到了。

为什么？因为不允许自己，你的"电量"都耗在不允许上了，会自责、自我厌恶，根本没有余力去尝试。

通透者都允许自己做不到，接纳自己就是个普通人。否则一对标流量明星、抖音大咖，怎么都觉得自己不好看、没本事。做什么事也别想着一学就会，否则就觉得自己特别笨。

这些妄念都会吞噬你的心理能量，什么都没做呢，电量就没有了。

很多"一定要、绝对要"，其实可以不要。

我一直想坚持写作，给过自己两个月写完一本书，每天都要写2000字等要求，都没坚持住。唯一坚持的就是一天拍个短视频，下班后同事都回家了,就在办公室自己拍,边讲边拍。

后来我想明白了,每天写 2000 字的要求,就是有难度。上班没时间,下班后回家又没环境,我敲第一行字的时候就累了,就想看书、看电视了。

怎么写是最快的?就是改稿,先有素材,再整理。

于是我只要求自己,上班路上,跟同事或朋友分享一点想法,录音下来,回去转文字。有了基础的文字素材,然后再整理一下,起个标题,效率提升很多。

还有运动这件事,对我来说也很痛苦。我要求自己每天走 15000 步,但练着练着就发现,我每个月只有几天能达到标准,其他时候不是这事就是那事给耽搁了。

于是我总是为这 15000 步而忧虑,再加上写作任务,每天都活得不轻松。

后来我改变了想法,可以每天不走 15000 步,8000 步也可以,8000 步也走不了的话,回家做 20 个仰卧起坐也可以。

结果怎么样?不但工作安排更顺畅,身心也更轻松了,走路达到 15000 步的日子反而增多了。

通透者说,给自己的人生更多的自由度吧!不要把自己的人生活得像算法一样,每一步都精准到位,好像没有意外的样子。

如果不事先计划好，失败便是被计划好的

做任何事情，没有计划不行。

有一位朋友，准备买房子结婚，看了 3 个多月最后在朝阳区买了一套房。一年后又后悔了，原因是后建成的地铁站离他家较远，而他当初看房时，有一套就在地铁站旁边，而且价格一样。

北京地铁站的建设，在城市规划部门有公开的资料可以查到。只要花 2 个小时就能把今后 5 年的规划建设搞得一清二楚。而这位朋友跑了 3 个多月，却没想到去看一看城市规划。他只是随意地跟身边的朋友打听了一下。他从一开始就没有制订出一份完整的计划来买房，所以他的后悔也就不奇怪了。

我们在生活中有两种人，一种人是整天忙忙碌碌，一天到晚"满头汗"地做事，他们忙得没时间洗脸，没时间把头发梳理整齐，衣服穿得乱七八糟，吃饭也没时间，也没时间陪伴家人，日子也过得紧巴巴的。另一种人也很忙碌，但办事很有章法，有节奏。你能看

到他衣着整齐干净，有时间喝茶，陪孩子玩游戏，日子过得很富足。

二者的区别就是在于做事之前有没有很好的计划。

例如，你看到有人新开一家炸鸡店，在没有好好计划之前，你也急急忙忙开炸鸡店，租房、装修、请人等，你花了很多钱。但半年后，满城都是炸鸡店，没办法只好关门。忙了大半年，倒贴了一笔钱。这就是没有计划。

在制订计划时要有一套整体方案。假设你是一个毕业不久的大学生，计划三年后开一家自己的咖啡店。

你的规划可以是：

第一步：开始行动，先找一份在咖啡店工作的机会（两个月完成）。

第二步：努力工作，每天多工作一小时同时攒钱准备开店。

第三步：学好咖啡制作和店铺经营的知识、技巧（在忙碌中研究相关资料。在2025年1月1日前完成）。

第四步：准备好启动资金5万元人民币（在2026年6月1日前完成）。

第五步：开张（在2027年1月1日前完成）。

在实现这个计划的过程中，有人可能会劝说你做咖啡店太辛苦，说你傻瓜。有人会劝你拿钱去买彩票或股票等。如果你在这些事上不能把握住你自己，去做了与你的大目标不一致的事，那么三年后，你肯定还是原来的你。你可能还会说自己运气不好，或是命不好。其实是你自己没有计划去实现你的想法。

凡事要有计划，这些计划还要写在纸上，不要只是在脑子里想。要从现实出发，利用现有的资源，技能来策划每件事。现有的资源

第十九章
世界上任何东西，最后还有一个出路，那就是"随他去"

包括，你的体力、技术、特长、人事关系、过去的经验、在学校里学过的知识，以及你所处的环境，如乡村还是城市，小县城还是大都市等。

人生的成功不一定要处处跟在别人后边走。你若处在大都市，可能做销售，做小生意，起步比较快，但若处在乡村，而家里有老人需要照顾不便出远门，那么搞好养殖、种植，也会很快致富。当然，即便做养殖、种植，你也要先考虑当地的气候、土质，以及产品的销路、价格等因素等。

但是，只有计划还不够，还要做好执行。如果将计划停留在计划阶段，而不按计划实施，即使有再好的计划，也跟没有计划一样。

人生"小满"

生活不像拼写游戏，不管你对了多少，错了一个就不合格。生活更像棒球赛，即使最好的球队也会输掉三分之一的比赛，最差的队也有它辉煌的一天。我们生活的目标就是赢多负少。

现实生活中，我们逃脱不了完美的纠缠。有时，我们觉得活得很累，这正是因为我们无法躲避这种纠缠。我们想使一切变得周全，既要师长满意，又要自己自由；既不想触犯同事，又想洁身自好；既想得到一份报酬合理的工作和漂亮的爱人，又想去天边云游，享受一个人面对世界的寂静。我们气喘吁吁地走在人生路上，没有学会拒绝。不会正视指责，不敢背叛某些应该背叛的原则。我们活在别人的眼里，很少想到自己，按自己的方式生活。甚至，我们要求诸事皆以大团圆为结局，这个想法就像枷锁一样，使我们闷闷不乐。

一位七旬老人一生都在孤独地流浪。路人问他："为何不娶妻成家？"老人说："我在寻找一个完美的女人！"路人反问："那你流浪这么多年，就没遇到一个完美的女人？"老人悲哀地回答："我

第十九章
世界上任何东西,最后还有一个出路,那就是"随他去"

曾经遇到一个。""那你为什么不娶她?"老人无奈地说:"因为她也正在寻找一个完美的男人!"

只要我们稍加留意就会发现,那些迟迟没有结婚的青年男女并不贫穷和丑陋,相反,多半是既有事业也有美貌。他们对自己苛求完美,同理,他们对自己要找的爱人也苛求完美。

人人都在行色匆匆地追求着各自的完善,却不知所追求的绝对完善根本不存在,反而在寻找绝对完善中被尘埃淹没,在无谓的奔波中忽略了许多珍贵的东西。

人生是不完满的,所以我们对于生活中种种不如人意的事不必介意!

有些事,可以通过努力改变,有些事,无论如何努力都难以改变。对于我们不能改变的,不管喜欢与否,我们只能接受它们,不要抗拒。像我们的国籍、父母、遗传基因、肤色、家境、幼时所受的教育,以及生长于其中的社会环境,在我们出生之前就是定好的。

当我们缺少一些东西时,往往会有更完整的感觉。一个拥有一切的人,在某种意义上讲是一个"穷人",他永远不知道求助、希望和梦想的感觉,永远没有自己最想要的东西被人给予的经历。

人生哪有什么完满,"小满"就不错了。缺憾也是我们人生的一部分,为了一点点缺憾而否定自己,实在是一件很傻的事。只有不为缺憾耿耿于怀,我们才能活得通透,才能好好享受生活。